Das ultimative Probenbuch
Mathematik
5. Klasse

Dieses Buch gehört

_____

Du schaffst den Sprung

Vorwort

Liebe Schülerin, lieber Schüler,

dieses Buch hilft dir bei der Vorbereitung auf deine Schulaufgaben bzw. Stegreifaufgaben in der 5. Klasse Gymnasium im Fach Mathematik. Zu Beginn fassen wir den gesamten Stoff der fünften Klasse kurz zusammen und geben dir ein paar nützliche Tipps. Anhand der von uns erstellten Proben, die dem LehrplanPlus angepasst sind und in Inhalt, Form und Umfang etwa dem entsprechen, was dich in deinen Klassenarbeiten erwartet, kannst du überprüfen, ob du den behandelten Stoff beherrschst. In der Regel hast du für eine Schulaufgabe 45 Minuten Zeit. Die Reihenfolge, in der du die Fragen beantwortest, ist generell egal. Am besten du gehst eine Probe grob durch und fängst mit der Aufgabe an, die dir am leichtesten fällt.

Im Anhang findest du zu jeder Probe eine Lösung mit ausführlichen Erläuterungen, damit du deine Arbeiten selbstständig kontrollieren und die Antworten verstehen kannst.

Wir wünschen dir viel Erfolg bei der Arbeit mit dieser Probensammlung und für dein gesamtes 5. Schuljahr.

Mandana Mandl   Miriam Reichel

Für Verbesserungsvorschläge sind wir immer offen!

1. Auflage 2010
13. Auflage 03/2020
© Mandana Mandl, Miriam Reichel
Alle Rechte vorbehalten
Lektorat: Lorenz Maus – München, Johanna Fangmeier – Inning a. Ammersee, Paul Mandl – München
Logogestaltung: Michael Reichel, www.m5art.de
Druck: omb2 Print GmbH, München
Cover: Michael Reichel

kontakt@mamis-verlag.de
www.MaMis-Verlag.de

Informatives:

In dieser Reihe erhältlich:

- **3. Klasse:** Das ultimative Probenbuch Deutsch, Mathematik, Heimat- und Sachunterricht (HSU)
- **3. Klasse:** Das ultimative Probenbuch Lesen
- **4. Klasse:** Das ultimative Probenbuch Deutsch, Mathematik, Heimat- und Sachunterricht (HSU), Das ultimative Probenbuch Lesen
- **5. Klasse:** Das ultimative Probenbuch Deutsch (alle Schulen), Mathematik (Gymnasium)
- **6. Klasse:** Das ultimative Probenbuch Deutsch, Mathematik (Gymnasium)

Sammelbände: Das ultimative Probenbuch Lesen 3./4. Klasse
Das ultimative Probenbuch Textaufgaben 3./4. Klasse
Das ultimative Probenbuch Diktat und Aufsatz 3./4. Klasse
Das ultimative Probenbuch Deutsch 5./6. Klasse (alle Schulen)
Das ultimative Probenbuch Diktat und Aufsatz Unterstufe 5./6./7. Klasse (alle Schulen)

Fremdsprachen:

Singlish → Mit Spaß und Musik spielerisch die erste Fremdsprache erlernen. Wir haben bekannte Kinderlieder ins Englische übertragen und mit Illustrationen und Spielanweisungen aufgelockert. Den Kindern soll hiermit handlungsorientiert und spielerisch die englische Sprache nähergebracht und englisches Vokabular frühzeitig eingeübt und verinnerlicht werden.

Ferienkalender für Bayern:

	2020	2021	2022
Fasching	24.02. - 28.02	15.02. - 19.02	28.02. - 04.03
Ostern	06.04. - 18.04.	29.03. - 10.04.	11.04. - 23.04.
Pfingsten	02.06. - 13.06.	25.05. - 04.06.	07.06. - 18.06.
Sommer	27.07. - 07.09.	30.07. - 13.09.	01.08. - 12.09.
Herbst	31.10. - 06.11.	02.11. - 05.11.	31.10. - 04.11.
Weihnachten	23.12. - 09.01.	24.12. - 08.01.	24.12. - 07.01.

Ferienkalender Baden-Württemberg:

	2020	2021	2022
Ostern	06.04. - 18.04.	06.04. - 10.04.	19.04. - 23.04.
Pfingsten	02.06. - 13.06.	25.05. - 05.06.	07.06. - 18.06.
Sommer	30.07. - 12.09.	29.07. - 11.09.	28.07. - 10.09.
Herbst	26.10. - 31.10.	02.11. - 06.11.	02.11. - 04.11.
Weihnachten	23.12. - 04.01.	23.12. - 08.01.	21.12. - 07.01.

Quelle: http://www.schulferien.org

Inhaltsverzeichnis

1	LEHRPLAN UND GRUNDWISSEN DER 5. KLASSE IN MATHEMATIK	7
1.1	LehrplanPlus	7
1.2	Lehrplan der 5. Klasse	9
1.3	Text und Sachaufgaben	10
1.4	Natürliche Zahlen	10
1.4.1	Primzahlen	11
1.5	Die Grundrechenarten	13
1.5.1	Schriftliches Addieren	13
1.5.2	Schriftliches Subtrahieren	13
1.5.3	Gemischtes Addieren und Subtrahieren ohne Klammern	14
1.5.4	Terme	14
1.5.5	Schriftliches Multiplizieren	15
1.5.6	Schriftliches Dividieren	16
1.6	Teilbarkeitsregeln	17
1.7	Teilermengen	18
1.7.1	Der größte gemeinsame Teiler	18
1.7.2	Das kleinste gemeinsame Vielfache	18
1.8	Lösungsmenge	19
1.9	Rechenfertigkeiten	20
1.10	Fakultät	20
1.11	Stochastik - Zufallsexperimente, Häufigkeiten und Wahrscheinlichkeiten	21
1.11.1	Zufallsexperimente	22
1.11.2	Wahrscheinlichkeit	23
1.12	Negative Zahlen	24
1.12.1	Gegenzahl	24
1.12.2	Ganze Zahlen	25
1.13	Rechenregeln	25
1.13.1	Punkt vor Strich	25
1.13.2	Assoziativgesetz	26
1.13.3	Kommutativgesetz	26
1.13.4	Distributivgesetz	27
1.14	Römische Ziffern	27
1.15	Geometrie	28
1.16	Rechnen mit Maßeinheiten	37

2	**RECHNEN MIT NATÜRLICHEN ZAHLEN**	39
2.1	Kleiner Leistungsnachweis 1 – römische Zahlen	39
2.2	Kleiner Leistungsnachweis 2 (Oktober)	40
2.3	Kleiner Leistungsnachweis 3 (November)	41
2.4	Schulaufgabe 1–1 – römische Ziffern / Primzahlen / natürliche Zahlen	42
2.5	Schulaufgabe 1–2 – Zehnerpotenzen / Primzahlen / Terme	44
2.6	Schulaufgabe 1–3 – Zehnerpotenzen / Terme	46
2.7	Schulaufgabe 1–4 – römische Zahlen / Zahlenfolgen / Terme	49
3	**STOCHASTIK, KOMBINATORIK UND FAKULTÄT**	51
3.1	Kleiner Leistungsnachweis 4 – Kombinatorik und Fakultät	51
3.2	Kleiner Leistungsnachweis 5 – Kombinatorik und Fakultät	52
4	**RECHENFERTIGKEIT – TERME**	53
4.1	Schulaufgabe 2–1	53
4.2	Schulaufgabe 2–2	57
4.3	Schulaufgabe 2–3	60
4.4	Schulaufgabe 2–4 – Terme / Potenzen / Geometrie / Kombinatorik	62
5	**RECHNEN MIT EINHEITEN UND GEOMETRIE**	65
5.1	Kleiner Leistungsnachweis 6	65
5.2	Schulaufgabe 3–1 – Rechnen mit Einheiten	67
5.3	Schulaufgabe 3–2 – Geometrie und Textaufgaben	69
5.4	Schulaufgabe 3–3 – Geometrie	73
5.5	Schulaufgabe 3–4 – Geometrie	76
6	**NATÜRLICHE ZAHLEN UND IHRE DARSTELLUNG**	78
6.1	Schulaufgabe 4–1 – Zerlegung ganzer Zahlen / Terme / Kombinatorik	78
6.2	Schulaufgabe 4–2 – Zerlegung ganzer Zahlen / Terme / Kombinatorik	80
6.3	Schulaufgabe 4–3 – Zerlegung ganzer Zahlen / Terme / Primfaktoren	82
6.4	Schulaufgabe 4–4 – Terme / Kombinatorik / Rechnen mit Einheiten	85
7	**KNACKNÜSSE – VON ALLEM EIN BISSCHEN**	87
8	**ÜBUNGEN ZUM EINMALEINS**	95
8.1	Übungen 1 (Multiplikation)	95
8.2	Übungen 2 (Multiplikation und Division)	96
8.3	Übungen 3 (Multiplikation und Division)	97
9	**SCHNELLTESTS – EINMALEINS**	98
9.1	Schnelltest 1 – Einmaleins	98
9.2	Schnelltest 2 – Einmaleins	99
9.3	Schnelltest 3 – Einmaleins	100

10	**LÖSUNGSTEIL**	102
10.1	Lösung zu 2.1 Kleiner Leistungsnachweis 1	102
10.2	Lösung zu 2.2 Kleiner Leistungsnachweis 2 (Oktober)	102
10.3	Lösung zu 2.3 Kleiner Leistungsnachweis 3 (November)	103
10.4	Lösung zu 2.4 Schulaufgabe 1–1	104
10.5	Lösung zu 2.5 Schulaufgabe 1–2	105
10.6	Lösung zu 2.6 Schulaufgabe 1–3	106
10.7	Lösung zu 2.7 Schulaufgabe 1–4	107
10.8	Lösung zu 3-1 – Kleiner Leistungsnachweis 4 – Kombinatorik und Fakultät	108
10.9	Lösung zu 3-2 - Kleiner Leistungsnachweis 5	109
10.10	Lösung zu 4.1 Schulaufgabe 2–1	110
10.11	Lösung zu 4.2 Schulaufgabe 2–2	112
10.12	Lösung zu 4.3 Schulaufgabe 2–3	114
10.13	Lösung zu 4.4 Schulaufgabe 2–4	115
10.14	Lösung zu 5.1 Kleiner Leistungsnachweis 6	116
10.15	Lösung zu 5.2 Schulaufgabe 3–1 – Rechnen mit Einheiten	117
10.16	Lösung zu 5.3 Schulaufgabe 3–2 – Geometrie	118
10.17	Lösung zu 5.4 Schulaufgabe 3–3 – Geometrie	120
10.18	Lösung zu 5.5 Schulaufgabe 3–4 – Geometrie	122
10.20	Lösung zu 6.1 Schulaufgabe 4–1 – Zerlegung ganzer Zahlen	125
10.21	Lösung zu 6.2 Schulaufgabe 4–2 – Zerlegung ganzer Zahlen	126
10.22	Lösung zu 6.3 Schulaufgabe 4–3 – Zerlegung ganzer Zahlen	128
10.23	Lösung zu 6.4 Schulaufgabe 4–4 – Terme / Einheiten	130
10.24	Lösung zu 7.0 Knacknüsse – zu allem ein bisschen	131
10.25	Lösungen zum Einmaleins	135
10.26	Lösung zu Schnelltest 1 – Einmaleins	137
10.27	Lösung zu Schnelltest 2 – Einmaleins	137
10.28	Lösung zu Schnelltest 3 – Einmaleins	138
11	**NOTENSCHLÜSSEL**	139
12	**QUELLENVERZEICHNIS**	140

1 Lehrplan und Grundwissen der 5. Klasse in Mathematik

1.1 LehrplanPlus

Der LehrplanPlus hat sich in der Grundschule nun etabliert und seit dem Schuljahr 2017/2018 findet der neue LehrplanPlus auch Einzug in die 5. Jahrgangsstufe der weiterführenden Schulen. Hierbei wird dieser Lehrplan pro Jahr in die nächst höhere Jahrgangsstufe eingeführt.

Alle Schularten arbeiten nach dem neuen Lehrplan, aber die Schwerpunkte erhalten in den einzelnen Schulen unterschiedliche Gewichtungen.

- Mittelschüler sollen auf ein zeitiges Berufsleben vorbereitet werden, aber auch die Möglichkeit erhalten, ihren Bildungsweg jederzeit weiter ausbauen zu können.
- Die Realschule bietet ein breites Fächerspektrum mit dem Ziel, Allgemeinbildung und Berufsorientierung in Einklang zu bringen. Der Weg nach der 10. Klasse eine Hochschulreife zu erlangen bleibt auch hier jedem noch offen.
- Gymnasiasten erhalten die höchstmögliche, schulische Allgemeinbildung und wertvolle Kompetenzen, die sie auf eine Hochschule vorbereiten sollen.

Was ist neu?

Während im alten Lehrplan die **Leistungsorientierung** im Vordergrund stand, rückt nun die **Kompetenzorientierung** auf Rang 1.

Im neuen Lehrplan werden Lehrplaninhalte nicht mehr als Lernziele, sondern als **Kompetenzen** bezeichnet und beschrieben.

Kompetenzdefinition des ISB lautet:

„Kompetent ist eine Person, wenn sie bereit ist, neue Aufgaben oder Problemstellungen zu lösen, und dieses auch kann. Hierbei muss sie Wissen bzw. Fähigkeiten erfolgreich abrufen, vor dem Hintergrund von Werthaltungen reflektieren sowie verantwortlich einsetzen."
Quelle: https://www.isb.bayern.de/

Bedeutung der Kompetenzorientierung im neuen LehrplanPlus für die Schüler:

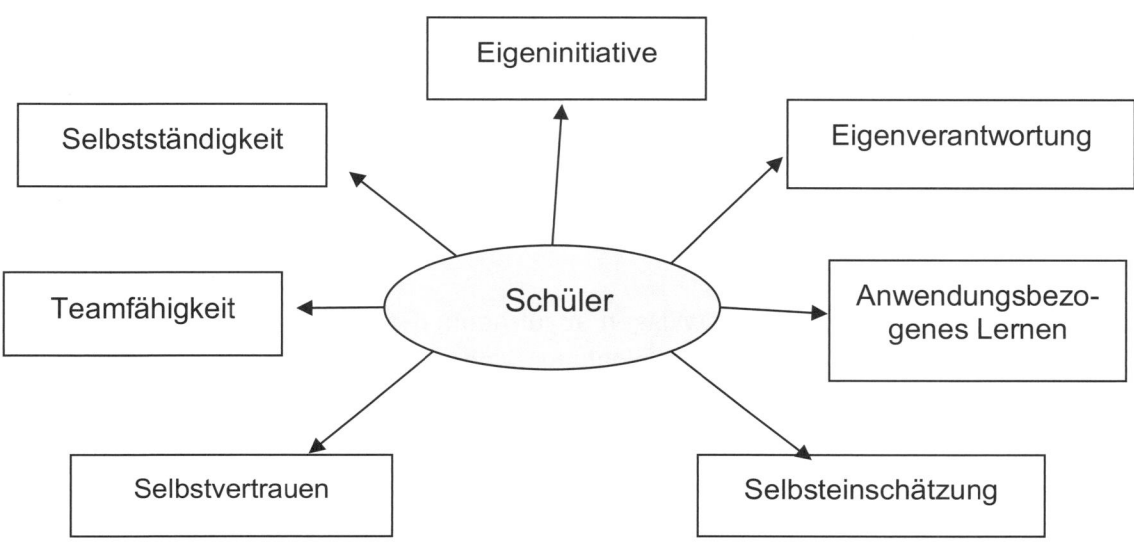

Lehrplan und Grundwissen Mathematik 5. Klasse

Ein kompetenzorientierter Unterricht verlangt nicht nur die Aneignung von Wissen, Fertigkeiten und Fähigkeiten, sondern auch die Vermittlung von Normen, Regeln und Werten.

Die Schüler sollen sich eine höhere Selbstständigkeit, größere Eigeninitiative und mehr Eigenverantwortung aneignen. In den Vordergrund rücken auch anwendungsbezogenes Lernen, Teamarbeit und soziales Lernen.

Die Schüler erwerben im Rahmen des Mathematikunterrichts viele mathematische Kenntnisse und Strategien, die ihnen bei der Bewältigung von Alltagssituationen helfen sollen. Zu den zentralen Themen gehören u. a. Wachstumsvorgänge, die Arbeit mit Diagrammen und Statistiken, die Prozent- und Zinsrechnung sowie die Grundlagen der Funktionenlehre. Dies befähigt sie, Fragestellungen aus Ökonomie und Ökologie, aus Finanzwelt und Versicherungswesen sowie aus der Politik (z. B. im Zusammenhang mit Wahlen und Umfragen) zu beantworten, sodass sie in der Lage sind Informationen aus diesen Bereichen kritisch zu hinterfragen und dabei auch ihre persönlichen Einstellungen zu überdenken.

Wichtig ist auch zu erlernen Vertrauen in die eigenen Fähigkeiten zu entwickeln und den eigenen Lernfortschritt realistisch einzuschätzen.

Bedeutung der Kompetenzorientierung im neuen LehrplanPlus im Bezug auf die Auswahl der Aufgaben:

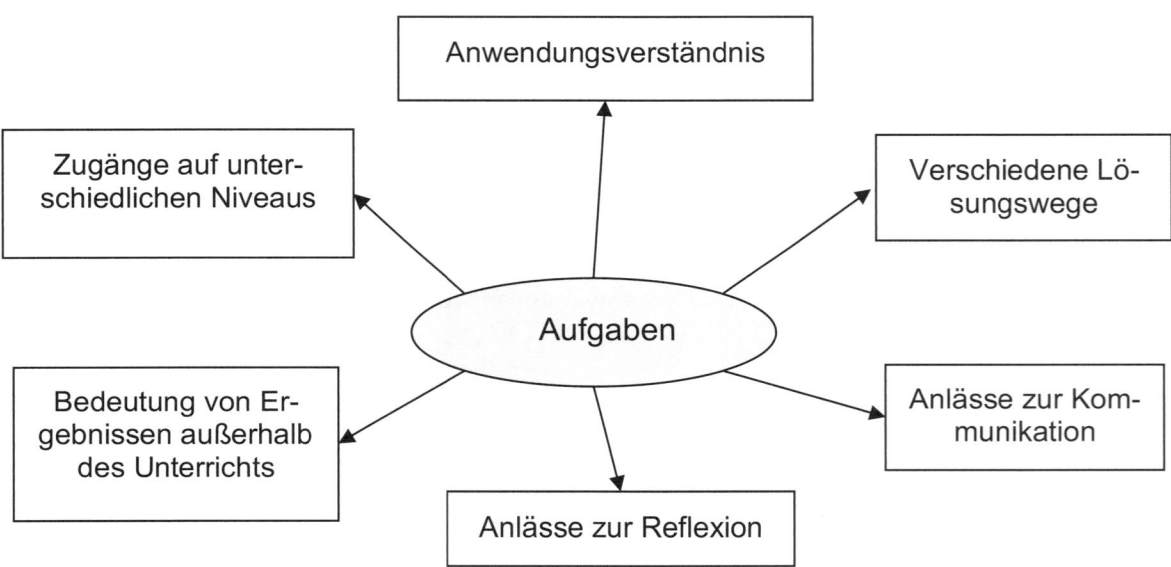

Im neuen Lehrplan wird von „guten Aufgaben" gesprochen. Hiermit sind vor allem offene Lernaufgaben gemeint, welche jedem Kind eine Lösung auf seinem eigenen Leistungsniveau ermöglichen sollen. Sie lassen eine natürliche Differenzierung zu und sind vorzugsweise auch im „inklusiven Unterricht" einsetzbar.

Es geht darum, nicht nur erlerntes Wissen abzufragen. Kinder sollen in der Lage sein, Transferaufgaben zu lösen, d. h. Erlerntes soll nicht stur wiedergegeben werden, sondern auch in einem anderen Kontext und auch außerhalb des Unterrichts korrekt angewandt werden.

Im LehrplanPlus wird durch einen guten Unterricht jeder Schüler individuell gefordert und gefördert. Die Schüler sollen in die Lage versetzt werden neues Wissen mit den vorhandenen Kompetenzen zu verknüpfen. Dies gilt für den Erwerb von Wissen und Kompetenzen in jedem einzelnen Fach, aber natürlich auch über Fächergrenzen hinweg.

Lehrplan und Grundwissen Mathematik 5. Klasse

1.2 Lehrplan der 5. Klasse

Die Umsetzung des Lehrplans, die Schwerpunktfestlegung sowie der chronologische Ablauf liegen in der Regel beim Lehrer oder bei der Schule. Die nachfolgenden Themen müssen jedoch alle durchgenommen werden.

Der Lehrplan der 5. Klasse sieht folgende Schwerpunkte vor:

1. Die natürlichen Zahlen und ihre Darstellung
   - Wiederholung der Grundrechenarten
   - Das römische Zahlensystem
   - Zahlendarstellung im Dezimal– und im Dualsystem
   - Umgang mit hohen natürlichen Zahlen
   - Anordnung der natürlichen Zahlen am Zahlenstrahl

2. Rechnen mit natürlichen Zahlen
   - Mündliche und schriftliche Vertiefung der Grundrechenarten
   - Gleichungen und Ungleichungen
   - Anwenden der vier Grundrechenarten und Einhaltung von mathematischen Regeln

3. Rechnen mit Größen und Maßeinheiten
   - Rechnen/Umwandeln mit Zeit–, Längen– und Gewichtseinheiten sowie Hohlmaßen
   - Sachaufgaben zu Größen
   - Üben mit Größen und umwandeln bekannter Größen

4. Geometrie – Grundformen und –begriffe
   - Grundformen und deren Eigenschaften: Würfel, Quader, Prisma …
   - Definition von geometrischen Grundbegriffen: Gerade, Punkt, Strecke …
   - Eigenschaften verschiedener Flächen: Kreis, Quadrat, Dreieck …
   - Einführung in die Flächenmessung
   - Oberflächenmessung des Quaders

5. Teilbarkeit der natürlichen Zahlen
   - Teilmengen
   - Teilbarkeitsregeln
   - Primzahlen / Primfaktorzerlegung
   - Größter gemeinsamer Teiler
   - Vielfache einer Zahl
   - Kleinstes gemeinsames Vielfaches von Zahlen

6. Teilbarkeit der natürlichen Zahlen
   - Üben mit mehrstelligen Faktoren
   - Vertiefung durch Sachaufgaben

7. Stochastik
   - Relative Häufigkeit
   - Einfache Zufallsexperimente
   - Auswerten von Ergebnissen

1.3 Text und Sachaufgaben

Bei Text- und Sachaufgaben muss man Wesentliches vom Unwesentlichen unterscheiden. Lies die Aufgabe genau durch und unterstreiche alle Zahlen und Ausdrücke, die auf eine Rechenoperation hindeuten (z. B. addiere, dividiere, zähle hinzu, subtrahiere). Versuche herauszufinden, was für die Lösung bzw. für die Beantwortung der Frage wichtig ist und erkenne was unwesentlich ist!

Text- und Sachaufgaben sind in ihren Rechenoperationen meistens nicht sehr schwer. Die Kinder sollen lernen einen Sachverhalt zu verstehen und diesen in entsprechende Rechenoperationen umzusetzen. Manchmal musst du sogar selbstständig die Frage erkennen. Bei Sachaufgaben sagen Kinder sehr schnell: „Das kann ich nicht!" oder „Das verstehe ich nicht!". Um den Kindern hier Sicherheit zu geben, kann man sie unterstützen den Rechenweg **eigenständig** zu finden und dann üben, üben, üben.

1.4 Natürliche Zahlen

Zahlenmengen:

Die natürlichen Zahlen sind positive, ganze Zahlen. Die Menge der natürlichen Zahlen wird mit dem Symbol $\mathbb{N}$ dargestellt:

$$\mathbb{N} = \{1, 2, 3, 4, 5, 6, 7, 8, 9, 10, 11, ... \}$$

Die Menge der natürlichen Zahlen $\mathbb{N}$ (N) ist unendlich, d. h. es gibt keine größte natürliche Zahl. (Manchmal wird die Zahl Null zu den natürlichen Zahlen gezählt $\mathbb{N}_0$)

Große Zahlen und Zehnerpotenzen:

Ab der fünften Klasse gibt es eigentlich keine Zahlengrenzen mehr für dich. Hier ein paar hohe Zahlen, damit du diese sprachlich und mathematisch einordnen kannst.

1 Tausend	= 1 000	= 10^3	(Aussprache: 10 hoch drei)
1 Million	= 1 000 000	= 10^6	(10 hoch sechs)
1 Milliarde	= 1 000 000 000	= 10^9	(10 hoch neun)
1 Billion	= 1 000 000 000 000	= 10^{12}	(10 hoch zwölf)

Die „Hochzahl" (Potenz) bei der Zehnerpotenz entspricht der Anzahl der Nullen einer Zahl.

Runden von Zahlen:

Beim Runden einer Zahl wird die Stelle angegeben, auf die gerundet werden muss (Hunderter, Zehner ...). Du musst nun die Ziffer rechts von dieser Stelle betrachten.

Bei den Ziffern **0, 1, 2, 3, 4** wird **ab**gerundet.

Bei den Ziffern **5, 6, 7, 8, 9** wird **auf**gerundet.

1.4.1 Primzahlen

Eine Primzahl ist eine Zahl, die größer oder gleich (>=) 2 ist und nur durch 1 **und** sich selbst teilbar ist.

Primzahlen bis 1000

2	3	5	7	11	13	17	19	23	29	31	37
41	43	47	53	59	61	67	71	73	79	83	89
97	101	103	107	109	113	127	131	137	139	149	151
157	163	167	173	179	181	191	193	197	199	211	223
227	229	233	239	241	251	257	263	269	271	277	281
283	293	307	311	313	317	331	337	347	349	353	359
367	373	379	383	389	397	401	409	419	421	431	433
439	443	449	457	461	463	467	479	487	491	499	503
509	521	523	541	547	557	563	569	571	577	587	593
599	601	607	613	617	619	631	641	643	647	653	659
661	673	677	683	691	701	709	719	727	733	739	743
751	757	761	769	773	787	797	809	811	821	823	827
829	839	853	857	859	863	877	881	883	887	907	911
919	929	937	941	947	953	967	971	977	983	991	997

Eratosthenes von Kyrene

war ein griechischer Gelehrter und erfand circa 300 vor Christus „Sieb", ein System, mit welchem man Primzahlen ermitteln kann:

- Die 1 streicht man durch, weil sie keine Primzahl ist.
- Jetzt „sucht" man die erste nicht durchgestrichene Zahl. Das ist die 2. Sie ist die erste Primzahl und wird nicht durchgestrichen. Dafür beginnt man aber jetzt das ganze System der Reihe nach durchzugehen und alle Vielfachen der 2 durchzustreichen: 4, 6, 8, ... Ist man damit fertig, so wendet man wiederum seinen Blick an den Anfang und sucht die nächste nicht durchgestrichene Zahl. Dies ist die 3 (sie ist die nächste Primzahl und wird nicht durchgestrichen). Alle Vielfachen der 3 werden durchgestrichen. Die nächste nicht durchgestrichene Zahl ist die 5 (die 4 war ein Vielfaches der 2).
- Die 5 wird nicht durchgestrichen (Primzahl), alle Vielfachen werden durchgestrichen ...
- Hat man alle Reihen durch, sind letztlich alle nicht gestrichenen Zahlen Primzahlen.

| Lehrplan und Grundwissen Mathematik 5. Klasse | Seite: 12 |

Primfaktorenzerlegung:

Jede Zahl, die keine Primzahl ist, lässt sich eindeutig als ein <u>Produkt von Primfaktoren</u> darstellen.

Beispiele:

$6 = 2 \cdot 3$

$30 = 2 \cdot 15 = 2 \cdot 3 \cdot 5$

$49 = 7 \cdot 7$

$55 = 5 \cdot 11$

$60 = 2 \cdot 30 = 2 \cdot 2 \cdot 15 = 2 \cdot 2 \cdot 3 \cdot 5$

Primfaktorenzerlegung, der **nicht** durch 2, 3 oder 5 teilbaren Zahlen bis 1000:

$49 = 7 \cdot 7$	$77 = 7 \cdot 11$	$91 = 7 \cdot 13$	$119 = 7 \cdot 17$
$121 = 11 \cdot 11$	$133 = 7 \cdot 19$	$143 = 11 \cdot 13$	$161 = 7 \cdot 23$
$169 = 13 \cdot 13$	$187 = 11 \cdot 17$	$203 = 7 \cdot 29$	$209 = 11 \cdot 19$
$217 = 7 \cdot 31$	$221 = 13 \cdot 17$	$287 = 7 \cdot 41$	$289 = 17 \cdot 17$
$299 = 13 \cdot 23$	$301 = 7 \cdot 43$	$319 = 11 \cdot 29$	$323 = 17 \cdot 19$
$329 = 7 \cdot 47$	$341 = 11 \cdot 31$	$343 = 7 \cdot 7 \cdot 7$	$361 = 19 \cdot 19$
$371 = 7 \cdot 53$	$377 = 13 \cdot 29$	$391 = 17 \cdot 23$	$403 = 13 \cdot 31$
$437 = 19 \cdot 23$	$451 = 11 \cdot 41$	$469 = 7 \cdot 67$	$473 = 11 \cdot 43$
$481 = 13 \cdot 37$	$493 = 17 \cdot 29$	$497 = 7 \cdot 71$	$511 = 7 \cdot 73$
$517 = 11 \cdot 47$	$527 = 17 \cdot 31$	$529 = 23 \cdot 23$	$533 = 13 \cdot 41$
$539 = 7 \cdot 7 \cdot 11$	$551 = 19 \cdot 29$	$583 = 11 \cdot 53$	$589 = 19 \cdot 31$
$611 = 13 \cdot 47$	$623 = 7 \cdot 89$	$629 = 17 \cdot 37$	$637 = 7 \cdot 7 \cdot 13$
$649 = 11 \cdot 59$	$667 = 23 \cdot 29$	$671 = 11 \cdot 61$	$679 = 7 \cdot 97$
$689 = 13 \cdot 53$	$697 = 17 \cdot 41$	$703 = 19 \cdot 37$	$707 = 7 \cdot 101$
$737 = 11 \cdot 67$	$749 = 7 \cdot 107$	$763 = 7 \cdot 109$	$767 = 13 \cdot 59$
$779 = 19 \cdot 41$	$781 = 11 \cdot 71$	$791 = 7 \cdot 113$	$793 = 13 \cdot 61$
$799 = 17 \cdot 47$	$803 = 11 \cdot 73$	$817 = 19 \cdot 43$	$833 = 7 \cdot 7 \cdot 17$
$841 = 29 \cdot 29$	$847 = 7 \cdot 11 \cdot 11$	$889 = 7 \cdot 127$	$893 = 19 \cdot 47$
$899 = 29 \cdot 31$	$901 = 17 \cdot 53$	$913 = 11 \cdot 83$	$917 = 7 \cdot 131$
$923 = 13 \cdot 71$	$931 = 7 \cdot 7 \cdot 19$	$943 = 23 \cdot 41$	$949 = 13 \cdot 73$
$959 = 7 \cdot 137$	$961 = 31 \cdot 31$	$973 = 7 \cdot 139$	$979 = 11 \cdot 89$

Lehrplan und Grundwissen Mathematik 5. Klasse   Seite: 13

1.5 Die Grundrechenarten

Nachfolgend werden die Grundrechenarten beschrieben:

Addition: Summand   +   Summand   =   Summe
Subtraktion: Minuend   –   Subtrahend = Differenz
Multiplikation: Faktor   ·   Faktor   =   Produkt
Division: Dividend :   Divisor   =   Quotient
Potenzieren: Basis   hoch Exponent =   Wert der Potenz

1.5.1 Schriftliches Addieren

Bei der schriftlichen Addition werden die Zahlen untereinandergeschrieben. Hierbei musst du darauf achten, dass du die Zahlen gemäß ihrer Stelle (Hunderter, Zehner, Einer) sauber untereinanderschreibst. Dann werden die Zahlen einzeln von rechts (hinten) beginnend addiert. Überschreitet die einzelne Addition die Zehnerstelle, so wird diese für die nächste Addition vorgemerkt.

Besondere Zahlen: Die Zahl 0 ändert bei einer Addition den Wert der Summe <u>nicht</u>.

Beispiel:
```
   12345
    6789
 +  9216
    1112    (gemerkte Zahlen)
 ───────
   28350
```

1.5.2 Schriftliches Subtrahieren

Bei der schriftlichen Subtraktion werden die Zahlen untereinandergeschrieben und einzeln von hinten beginnend subtrahiert. Ist die untere Zahl größer als die obere Zahl, so leihst du dir von der nächsten Stelle eine Zehnerstelle und subtrahierst sie bei der ursprünglichen Zahl. Dies hört sich komplizierter an, als es ist, wie du an den Beispielen gleich erkennen kannst.

Die **Zahl 0** ändert bei einer Subtraktion den Wert der Subtraktion <u>nicht</u>.

Beispiel: Die Einzeloperationen pro Spalte lauten:

$4^{16}\ 5^{10}$ 0 – 3 geht nicht → es wird aus der nächsten Stelle eine
  5̶6̶6̶0   zehn ausgeliehen 10 – 3 = **7** aus der 6 wird eine 5,
                  5 – 5 = **0**
– 1753   6 – 7 geht nicht, es wird wieder aus der nächsten Stelle eine zehn
                  ausgeliehen → 16 – 7 = **9** aus der 5 wird eine 4 und 4 – 1 = **3**
  3907   du erhältst also die Zahl **3907**

| Lehrplan und Grundwissen Mathematik 5. Klasse | Seite: 14 |

Auf diese Art und Weise kann man beliebig viele Zahlen untereinander subtrahieren. Noch ein Beispiel, um sicherzustellen, dass du die Methode verstanden hast.

$$\begin{array}{r} 3\,{\overset{4}{\cancel{5}}}\,{\overset{15}{\cancel{5}}} \\ -\ 1\,2\,6 \\ \hline 2\,2\,9 \end{array}$$ 5 – 6 geht nicht, deshalb wird von der nächsten Stelle (5) eine 1 ausgeliehen, dafür wird aus der 5 die 4, 15 – 6 = **9**, 4 – 2 = **2** und 3 – 1 = **2**

→ **somit erhältst du die Zahl 229**

1.5.3 Gemischtes Addieren und Subtrahieren ohne Klammern

Bilde die <u>Summe der Plusglieder</u> und **subtrahiere** die <u>Summe der Minusglieder</u> davon.

<u>Beispiel</u>: 65 – 18 + 23 – 12 + 5 – 25 = 65 <u>– 18</u> + 23 <u>– 12</u> + 5 <u>– 25</u> =

(65 + 23 + 5)   –   (18 + 12 + 25) = 93 – 55 = **38**

  Summe der Plusglieder   –   Summe der Minusglieder

1.5.4 Terme

Ein Term besteht aus Zahlen, Rechenoperationen und Klammern. Beim Ausrechnen <u>beginnst</u> du mit der <u>innersten Klammer</u> → d. h. erst werden runde Klammern, dann eckige und zuletzt geschweifte Klammern gerechnet. Die <u>Art des Terms</u> wird bestimmt durch seine **letzte Rechenart**.

<u>Beispiel</u>:   (65 – 18) – { [(23 – 12) + 25] · 1} = 47 – {[11 + 25] · 1} = 47 – 36 = 11

  Differenz   Differenz
       Summe
      Produkt
    D i f f e r e n z

Dieser Term ist gemäß der **letzten** Rechenart eine **Differenz**.

1.5.5 Schriftliches Multiplizieren

Multiplizieren bedeutet malnehmen. Die Multiplikation ist die Umkehrung der Division (und umgekehrt). Bei der schriftlichen Multiplikation schreibst du die beiden Faktoren nebeneinander, wobei du darauf achten solltest, die größere Zahl zuerst hinzuschreiben (rechnet sich leichter). Ziehe nun einen Strich unter deine Rechnung und multipliziere die erste Zahl des zweiten Faktors mit dem ersten Faktor. Anschließend die zweite Zahl des 2. Faktors mit dem 1. Faktor, wobei du nun beim Ergebnis um eine Stelle nach rechts rücken musst und schließlich multiplizierst du die 3. Zahl des 2. Faktors mit dem 1. Faktor, und bei dem Ergebnis musst du wieder um eine Stelle nach rechts rutschen, dies wird solange durchgeführt, bis du alle Zahlen des zweiten Faktors mit dem ersten Faktor multipliziert hast. Nun musst du die einzelnen Multiplikationen addieren und du erhältst dein Endergebnis.

Beispiel:

$9871 \cdot 135 = \mathbf{1332585}$

```
   9871       (1 · 9871)
  29613       (3 · 9871)    – eine Stelle weiter rechts schreiben
+ 49355       (5 · 9871)    – eine Stelle weiter rechts schreiben
   2 2
```
1332585

$921 \cdot 24 = \mathbf{22104}$

```
   1842       (2 · 921)
+  3684       (4 · 921)     – eine Stelle weiter rechts schreiben
    1 1 1
```
22104

Tipp:

Wenn du große Zahlen, die auf Nullen enden, multiplizieren musst, kannst du im ersten Schritt die Nullen einfach weglassen und sie am Ende wieder <u>anhängen</u>.

Beispiel: $5 \cdot 800 =$ _____   Rechne: $5 \cdot 8 = 40$

Da du aber nicht mit 8, sondern mit 800 multiplizieren musst, hängst du einfach die zwei fehlenden Nullen an dein Ergebnis,

d. h.:   40 wird zu 4000 → $5 \cdot 800 = 4000$

Oder:

$50 \cdot 800 =$ _____

Hier kannst du wie im ersten Beispiel rechnen

$5 \cdot 8 = 40$

Diesmal ist die eigentliche Aufgabe aber $50 \cdot 800$ → insgesamt gehen 3 Nullen ab. Kein Problem, du hängst einfach 3 Nullen an dein obiges Ergebnis:

$50 \cdot 800 = 40\mathbf{000}$

1.5.6 Schriftliches Dividieren

<u>Dividieren</u> bedeutet <u>teilen</u>. Die Division ist die <u>Umkehrung der Multiplikation</u> (und umgekehrt). Bei der schriftlichen Division werden der Dividend (1. Zahl) und der Divisor (2. Zahl) nebeneinander hingeschrieben. Du nimmst die erste Zahl des Dividenden und prüfst, ob der Divisor hineinpasst. Ist dies der Fall, so schreibst du das Ergebnis neben das „="–Zeichen und anschließend multiplizierst du dein Ergebnis mit dem Divisor und schreibst das Resultat unter den Dividenden. Das Produkt, das du gerade erhalten hast, ziehst du von der Zahl, durch die du zuvor geteilt hast, ab und holst dir die nächste Zahl des Dividenden herab. Nun beginnst du wieder mit der Prüfung, ob der Divisor in diese Zahl hineinpasst und so weiter. Dies ist verbal schwer auszudrücken, aber sieh dir einfach die folgenden Beispiele an.

Beispiele:

```
a)   625 : 25 = 25          Nebenrechnung(NR) zur Erläuterung
     50  : 25 = 2           62 : 25 = 2 (R12) / 2 · 25 = 50
     ─────────
     12                     62 - 50 = 12 (wenn du den Rest gleich ausrechnen
                            kannst, kannst du dir die Multiplikation auch
                            sparen, allerdings ist das bei hohen Zahlen
                            nicht so einfach)
     125 : 25 = 5           Zur 12 wird die nächste Zahl des Dividenden
                            (die 5) heruntergeholt und du erhältst
   - 125 (= 5 · 25)         die Zahl 125.
     ─────────
     000 (= 125 - 125)      125 : 25 = 5 R0.
```

```
b)   18954 : 3 = 6318
     18    : 3 = 6 R0
     ─────
     009   : 3 = 3 R0
       9
     ─────
       05  : 3 = 1 R2
     -  3
     ─────
       24  : 3 = 8 R0
     - 24
     ─────
       00
```

```
c)   18955 : 9 = 2106 R1
   -  18   : 9 =    2 R0
     ─────
     009   : 9 =    1 R0
   -   9
     ─────                  ACHTUNG:
       05  : 9 = 0 R5       5 : 9 = 0 R5, also wird die nächste Zahl
       55  : 9 = 6 R1       runter geholt und die Null muss beim Ergeb-
                            nis hingeschrieben werden!!!!
     -  54
     ─────
        1  → hier bleibt ein Rest übrig!
```

Tipp:

Auch bei der Division kannst du es dir etwas einfacher machen, wenn du mit großen Zahlen, die auf Nullen enden rechnen musst. Auch hier kannst du im ersten Schritt die Nullen einfach weglassen und sie am Ende eventuell wieder anhängen.

Beispiel: 350 : 7 = _____ Rechne: 35 : 7 = 5

Da du aber nicht 35 sondern 350 als Dividend (erste Zahl) hast, hängst du an dein Ergebnis einfach eine 0 an. D. h. 35**0** : 7 = 5**0**

Noch ein Beispiel:

350 : 70 = _____ Rechne: 35̶0̶ : 7̶0̶ = 35 : 7 = 5

In diesem Beispiel hast du auf beiden Seiten Nullen stehen. Hier kannst du einfach auf beiden Seiten die **gleiche Anzahl Nullen** streichen. Dann brauchst du am Ergebnis noch nicht einmal etwas verändern.

Noch ein paar Beispiele, um sicher zu gehen, dass du es verstanden hast:

35000 : 700 = _____ Rechne: 350 : 7 = 50 (siehe 1. Beispiel)

40̶0̶ : 4̶0̶ = 40 : 4 = 10
81̶0̶ : 9̶0̶ = 81 : 9 = 9
210̶0̶ : 7̶0̶ = 210 : 7 = 30
99̶0̶0̶0̶ : 33̶0̶0̶0̶ = 99 : 33 = 3

Wenn du Lust hast, denke dir noch ein paar Beispiele hierzu aus und lass sie von deinen Eltern oder älteren Geschwistern überprüfen!

> **Beachte, du darfst nur die gleiche Anzahl Nullen auf beiden Seiten wegstreichen oder beim Dividend (linke Zahl) erst mal eine Null weglassen, dann musst du sie aber am Ende ans Ergebnis wieder anhängen!**

1.6 Teilbarkeitsregeln

In der nachstehenden Tabelle stehen ein paar Tipps, wie du ohne groß zu rechnen, erkennen kannst, ob eine Zahl durch eine andere Zahl teilbar ist.

Eine Zahl ist genau dann teilbar durch:

Divisor	Regel für Dividend
2	wenn ihre **letzte Ziffer** eine 0 oder eine gerade Zahl ist, d. h. eine 2, 4, 6 oder 8.
3	wenn die **Quersumme** (die Summe der einzelnen Ziffern) durch 3 teilbar ist.
4	wenn ihre **letzten beiden Ziffern** eine Zahl ergeben, die durch 4 teilbar ist.
5	wenn ihre **letzte Ziffer** eine 0 oder eine 5 ist.
8	wenn ihre **letzten drei Ziffern** eine Zahl ergeben, die durch 8 teilbar ist.
9	wenn die **Quersumme** durch 9 teilbar ist.
10	wenn ihre **letzte Ziffer** eine 0 ist.
12	wenn die Zahl sowohl **durch 3 als auch 4** teilbar ist.

Lehrplan und Grundwissen Mathematik 5. Klasse   Seite: 18

Eine Division durch 0 ist grundsätzlich nicht erlaubt!

Ist der Dividend 0, so ist das Ergebnis immer 0, egal wie der Divisor heißt. Umgekehrt ist die Multiplikation mit 0 ebenfalls immer 0.

z. B. $0 : 8 = 0$
$8 \cdot 0 = 0$
$100 \cdot 0 = 0$

Die Zahl 1 ändert bei der Multiplikation den Wert des Produkts **nicht**. Ebenso hat die Zahl 1 als Divisor keinen Einfluss auf den Dividenden.

z. B.: $55 : 1 = 55$
$55 \cdot 1 = 55$

1.7   Teilermengen

Die Teilermenge T einer Zahl enthält alle Zahlen, durch die eine Zahl geteilt werden kann, z. B.: $T_8 = \{1, 2, 4, 8\}$

Jede Zahl ist immer durch 1 und durch sich selbst teilbar.

In der Mathematik interessiert häufig nur der größte gemeinsame Teiler (**ggT**) von zwei oder mehreren Zahlen oder das kleinste gemeinsame Vielfache (**kgV**).

1.7.1 Der größte gemeinsame Teiler

Den ggT von zwei Zahlen erhältst du, indem du die beiden Zahlen zunächst in Primfaktoren zerlegst, anschließend alle gemeinsamen Primfaktoren heraussuchst und diese miteinander multiplizierst.

Beispiel: Bestimme den größten gemeinsamen Teiler: → ggT (36; 96)

1. Primfaktorenzerlegung:
$36 = \underline{2 \cdot 2} \cdot 3 \cdot \underline{3}$
$96 = \underline{2 \cdot 2} \cdot 2 \cdot 2 \cdot 2 \cdot \underline{3}$

2. Alle gemeinsamen Primfaktoren miteinander multiplizieren:
ggT (36; 96) = $(2 \cdot 2 \cdot 3) = 12$

1.7.2 Das kleinste gemeinsame Vielfache

Das kleinste gemeinsame Vielfache zweier Zahlen erhältst du, wenn du die Schnittmenge ihrer Vielfachmengen bildest.

Beispiel: Bestimme das kleinste gemeinsame Vielfache von 12 und 16.

1. Vielfachmengen: $V_{12} = \{12, 24, 36, \mathbf{48}, 60, 72, 84, \mathbf{96}, 108, 120 ...\}$
$V_{16} = \{16, 32, \mathbf{48}, 64, 80, \mathbf{96}, 112, 128 ...\}$

2. Bestimmen der gemeinsamen Vielfachen von 12 und 16:
48 und **96**

Das kleinste gemeinsame Vielfache ist also: **kgV (12,16) = 48**

Sobald du das kgV zweier Zahlen kennst, kennst du alle gemeinsamen Vielfachen, denn du brauchst das kgV nur mit 2, 3, 4, 5, ... multiplizieren, und erhältst alle weiteren gemeinsamen Vielfachen.

Du kannst das kleinste gemeinsame Vielfache auch durch eine Primfaktorenzerlegung ermitteln.

1. Beide Zahlen werden in Primfaktoren zerlegt:

$$12 = 2 \cdot 2 \cdot 3$$
$$18 = 2 \cdot 3 \cdot 3$$

2. Schreibe die Primfaktorenzerlegung in Potenzschreibweise:

$$12 = \mathbf{2^2} \cdot 3$$
$$18 = 2 \cdot \mathbf{3^2}$$

3. Nun nimmst du von beiden Zahlen jeweils die höchste Potenz der auftretenden Primfaktoren und multiplizierst diese miteinander.

$$\mathbf{kgV(12,18)} = \mathbf{2^2} \cdot \mathbf{3^2} = 4 \cdot 9 = \mathbf{36}$$

Du kannst auf diese Art und Weise auch das kgV von mehreren Zahlen bestimmen.

Beispiel: Bestimme das kgV von 8, 12 und 18

1.
$$8 = 2 \cdot 2 \cdot 2 = \mathbf{2^3}$$
$$12 = 2 \cdot 2 \cdot 3 = \mathbf{2^2} \cdot 3$$
$$18 = 2 \cdot 3 \cdot 3 = 2 \cdot \mathbf{3^2}$$

2. $\mathbf{kgV\ (8,12,18)} = 2^3 \cdot 2^2 \cdot 3^2 = 8 \cdot 4 \cdot 9 = \mathbf{288}$

1.8 Lösungsmenge

Für eine mathematische Gleichung gilt: Auf beiden Seiten des ‚=' muss das Gleiche stehen → linke Seite = rechte Seite.

Bei einem Term mit einer Unbekannten **x** besteht die Lösung häufig aus genau einem Ergebnis. Es gibt aber auch Fälle, wo es eine Lösungsmenge $\mathbb{L}$ (L) gibt, d. h. für x können verschiedene Zahlen stehen und es gilt immer noch:

linke Seite = rechte Seite

$2 \cdot \mathbf{x} - 10 = 16 \quad \rightarrow \quad 2 \cdot \mathbf{x} = 16 + 10 = 26 \rightarrow \mathbf{x} = 26 : 2 = \mathbf{13}$

Die Lösungsmenge lautet: $\mathbb{L} = \{13\}$ → $(2 \cdot \mathbf{13}) - 10 = 16$

$\mathbf{x^2} = 2 \cdot \mathbf{x} \qquad | : x \quad \rightarrow \mathbf{x} = 2$

Die Lösungsmenge lautet: $\mathbb{L} = \{0, 2\}$

Probe: $\qquad 2^2 = 2 \cdot \mathbf{2} = 4; \qquad 0^2 = 2 \cdot \mathbf{0} = 0$

1.9 Rechenfertigkeiten

Das kleine Einmaleins solltest du unbedingt <u>auswendig</u> können. Vom großen Einmaleins (1x1) solltest du auch zumindest die untenstehende Tabelle beherrschen:

1	11	12	13	14	15
2	22	24	26	28	30
3	33	36	39	42	45
4	44	48	52	56	60
5	55	60	65	70	75
6	66	72	78	84	90
7	77	84	91	98	105
8	88	96	104	112	120
9	99	108	117	126	135
10	110	120	130	140	150
Quadratzahl	$11^2 = 121$	$12^2 = 144$	$13^2 = 169$	$14^2 = 196$	$15^2 = 225$

Du solltest natürlich auch alle Rechnungen in ihrer Umkehrung kennen. D. h., wenn du die obenstehenden Multiplikationen vor Augen hast, musst du automatisch das Ergebnis der Division kennen:

$11 \cdot 11 = 121$ → $121 : 11 = 11$; $15^2 = 225$ → $225 : 15 = 15$;
$3 \cdot 13 = 39$ → $39 : 13 = 3$ ...

Eine Potenz ist die <u>mehrfache Multiplikation eines Faktors</u>.

$a^2 = a \cdot a$ Aussprache: a hoch 2
$a^3 = a \cdot a \cdot a$ Aussprache: a hoch 3
$a^n = a \cdot a \cdot a \ldots \cdot a$ Aussprache: a hoch n, wobei n eine beliebige natürliche Zahl sein kann

Beispiele: $10^2 = 10 \cdot 10 = 100$
$10^3 = 10 \cdot 10 \cdot 10 = 1000$

Wichtige Potenzen, die du ebenfalls auswendig können solltest:

$2^3 = 2 \cdot 2 \cdot 2 = 8$	$2^9 = 512$	$3^3 = 3 \cdot 3 \cdot 3 = 27$
$2^8 = 256$	$2^{10} = 1024$	$10^3 = 10 \cdot 10 \cdot 10 = \mathbf{1.000}$

1.10 Fakultät

Die Fakultät bezeichnet in der Mathematik eine Funktion, die einer natürlichen Zahl das Produkt aller natürlichen Zahlen kleiner oder gleich dieser Zahl zuordnet. Das Zeichen für die Fakultät ist das Ausrufezeichen (!) - „1!" Aussprache: „Eins-Fakultät". Die folgenden Beispiele zeigen dir, wie man die Fakultät berechnet:

Beispiele:

$1! = 1$	$3! = 3 \cdot 2! = 3 \cdot 2 \cdot 1 = 6$	$5! = 5 \cdot 4! = 5 \cdot 4 \cdot 3 \cdot 2 \cdot 1 = 120$
$2! = 2 \cdot 1 = 2$	$4! = 4 \cdot 3 \cdot 2 \cdot 1 = 24$	$6! = 6 \cdot 5 \cdot 4 \cdot 3 \cdot 2 \cdot 1 = 720$

Lehrplan und Grundwissen Mathematik 5. Klasse

1.11 Stochastik - Zufallsexperimente, Häufigkeiten und Wahrscheinlichkeiten

„Stochastik" kommt von dem griechischen Wort „stochasmos" = „Vermutung" und ist der Oberbegriff für die drei Teilbereiche:

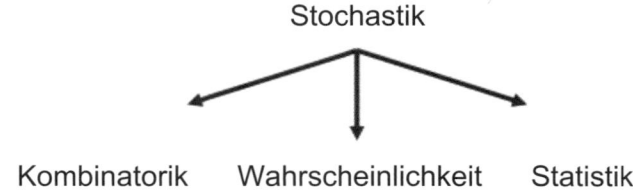

- Die **„Kombinatorik"** befasst sich mit der Frage: Wie viele Möglichkeiten gibt es?

- Die **„Wahrscheinlichkeitsrechnung"** befasst sich mit dem Zufall. Anhand einfacher Experimente sollst du lernen, den Zufall sprachlich und mit Zahlen zu beschreiben – z. B. beim Würfeln, Glücksrad oder Ähnlichem.

- In der **„Statistik"** geht es um die Erhebung, Darstellung und Interpretation von Daten. Ziel ist das Erstellen und Interpretieren von Statistiken und Diagrammen.

Ein zentrales Ziel der Stochastik ist es, schon frühzeitig bei den Schülern ein Verständnis für das Zählprinzip zu erwirken.

Hier gilt es:

- Einfache kombinatorische Aufgaben durch Probieren bzw. systematisches Vorgehen zu lösen.

- Grundbegriffe der Wahrscheinlichkeitsrechnung wie z. B. sicher, unmöglich, wahrscheinlich zu kennen.

- Gewinnchancen bei einfachen Zufallsexperimenten (z. B. Glücksrad, Würfelspielen) einzuschätzen.

- Daten bei Untersuchungen und kleinen Experimenten zu sammeln und in Tabellen oder Diagrammen darzustellen.

- Informationen aus Tabellen und Diagrammen zu entnehmen.

- Verschiedene Darstellungen eines Sachverhalts miteinander zu vergleichen.

Beispiel: Eisessen ...

Paul isst sehr gerne Eis. Am liebsten mag er Schokolade (s), Vanille (v) und Erdbeere (e). Weil das Wetter so schön ist, darf er sich ein Eis mit drei Kugeln kaufen.
Wie viele verschiedene Möglichkeiten hat Paul für eine Eistüte mit drei Kugeln?
Gib einfach Mal einen Tipp ab: _____

Paul kann beliebig kombinieren zwischen Schoko, Vanille und Erdbeere, das heißt es gibt folgende Kombinationen:

Kombinationen	Schoko	Vanille	Erdbeere
sve	I	I	I
sss, vvv, eee	III	III	III
ssv	II	I	
sse	II		I
svv	I	II	
see	I		II
vve		II	I
vee		I	II

Es gibt insgesamt **10** unterschiedliche Möglichkeiten.

1.11.1 Zufallsexperimente

Ein Experiment bezeichnen wir als Zufallsexperiment, wenn folgende Bedingungen erfüllt sind:

> Alle möglichen Ergebnisse sind bekannt.

> Welches Ergebnis aber eintreten wird, lässt sich nicht vorhersagen, es ist zufällig.

Beispiele für Zufallsexperimente:

> Würfeln mit einem normalen Spielwürfel.

> Werfen einer Münze.

> Lose ziehen.

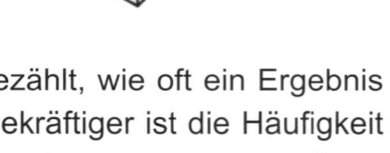

Ein Zufallsexperiment wird n-mal wiederholt und es wird gezählt, wie oft ein Ergebnis eintritt. Diese heißt <u>absolute Häufigkeit</u>. Wesentlich aussagekräftiger ist die Häufigkeit in Abhängigkeit von der Gesamtzahl der Züge. Wird ein Experiment n-mal ausgeführt, und ein Ergebnis tritt k-mal auf, dann sprechen wir von der relativen Häufigkeit: Hier gilt:

Relative Häufigkeit $= \frac{k}{n} = \frac{\text{absolute Häufigkeit}}{\text{Gesamtzahl der Züge}}$

Beispiel:

Wir werfen einen normalen Spielwürfel mit sechs Flächen und notieren die gewürfelte Augenzahl.

Mögliche Ergebnisse (Ergebnismenge) sind: 1,2,3,4,5,6 → E = {1, 2, 3, 4, 5, 6}
Die Wahrscheinlichkeit für jede Zahl ist gleich. Dies kannst du bei einem beispielhaften Test nicht feststellen. Aber bei einer unendlichen Reihe ist das Ergebnis für jede Augenzahl $\frac{1}{6}$.

Lehrplan und Grundwissen Mathematik 5. Klasse

1.11.2 Wahrscheinlichkeit

Bei einem Zufallsexperiment mit n möglichen Ergebnissen mit annähernd gleicher Wahrscheinlichkeit ist der Näherungswert $\frac{1}{n}$.

> **Merke:**
> Wenn dasselbe Zufallsexperiment sehr oft ausgeführt wird, verändert sich die relative Häufigkeit kaum. Dieser Wert liegt Nahe bei der Wahrscheinllichkeit des Ergebnisses → Hier spricht man vom „Gesetz der großen Zahlen"

Beispiel:

Dieses Bild soll ein Glücksrad darstellen, jeder der mitmachen möchte, darf genau einmal das Rad drehen.

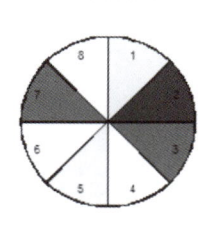

Gewinnregeln:
1. Gewinn bei hellgrau
2. Gewinn bei weiß
3. Gewinn bei weiß, hellgrau oder schwarz
4. Gewinn bei weiß, hellgrau, schwarz oder dunkelgrau

Das Glücksrad besteht aus 8 Feldern, d. h. die Wahrscheinlichkeit ein bestimmtes Feld zu treffen ist 1:8 (gesprochen: 1 zu acht) = $\frac{1}{8}$. In Prozent ausgedrückt liegt die Wahrscheinlichkeit bei 0,125 = 12,5 %.

Schauen wir uns die Gewinnregeln an ergeben sich folgende Wahrscheinlichkeiten:

Regel 1: hellgrau
- → das hellgraue Feld gibt es auf dem Rad zweimal, d. h. die Wahrscheinlichkeit liegt bei $2 \cdot \frac{1}{8} = \frac{2}{8} = \frac{1}{4}$ → 0,25 = 25%

Regel 2: weiß
- → das weiße Feld gibt es auf dem Rad dreimal, d. h. die Wahrscheinlichkeit liegt bei $3 \cdot \frac{1}{8} = \frac{3}{8}$ → 0,375 = 37,5%

Regel 3: hellgrau, weiß, schwarz
- → alle drei Felder gibt es auf dem Rad insgesamt sechsmal, d. h. die Wahrscheinlichkeit liegt bei $6 \cdot \frac{1}{8} = \frac{6}{8} = \frac{3}{4}$ → 0,75 = 75%

Regel 4: alle Farben
- → bei dieser Regel gewinnst du immer, d. h. die Wahrscheinlichkeit liegt bei $8 \cdot \frac{1}{8} = \frac{8}{8} = 1$ → 1 = 100%

Die Darstellung der vier Regeln als Balkendiagramm könnte folgendermaßen aussehen:

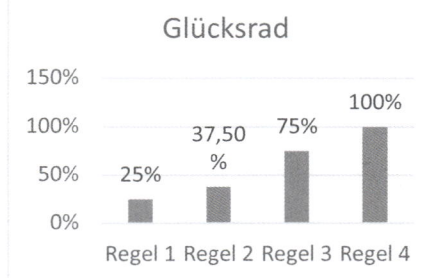

Lehrplan und Grundwissen Mathematik 5. Klasse   Seite: 24

1.12 Negative Zahlen

Negative Zahlen sind alle Zahlen kleiner Null. Die negativen Zahlen bestehen aus dem Vorzeichen und dem Betrag (Wert). Der Betrag einer Zahl wird folgendermaßen dargestellt: |x| (lies: Betrag von x), wobei x sowohl eine positive als auch eine negative Zahl sein kann. Der Betrag einer Zahl ist immer der Abstand zu der Zahl 0. Deshalb gilt:
$|+x| = |-x|$

Beispiel: –10   der Betrag dieser Zahl ist 10 und das Vorzeichen Minus

+10   auch hier ist der Betrag 10, aber das Vorzeichen ist Plus, dieses wird in der Regel nicht explizit geschrieben.

Der Betrag von –10 und +10 ist identisch, nämlich 10, der **Wert** jedoch unterscheidet sich deutlich, nämlich um … , was denkst du?

→ Ja, um **20**. (siehe Zahlenstrahl)

Wir versuchen die Zahlen am Zahlenstrahl zu veranschaulichen:

```
___|_____|_____|_____|_____|_____|_____|_____|_____|____→
 -20   -15   -10    -5     0     5    10    15    20
```

Bei der Multiplikation und Division von negativen und positiven Zahlen kannst du dir folgende Regel merken:

Zwei Zahlen werden miteinander multipliziert oder dividiert, indem du zunächst nur ihre Beträge für die Rechenoperation heranziehst. Nun hast du den Betrag deines Ergebnisses. Mathematisch relevant ist jedoch der Wert des Ergebnisses. **Für den Wert des Ergebnisses sind die Vorzeichen maßgeblich**.

Haben die beiden Zahlen gleiche Vorzeichen, so erhält das Ergebnis das Vorzeichen „+". Haben beide Zahlen unterschiedliche Vorzeichen, so erhält das Ergebnis das Vorzeichen „–".

Rechnen mit negativen Zahlen:

Beispiele:
–20 + 10   = –10
–10 – 5   = –15
–10 – (–5) = –10 + 5 = –5
–3 · (–4)   = +(3 · 4) = **12**   Vorzeichen sind gleich, also **Ergebnis „+"**
–3 · (+4)   = –(3 · 4) = **–12**   Vorzeichen sind unterschiedlich, also **Ergebnis „–"** (minus)

1.12.1 Gegenzahl

Die Multiplikation mit – (1) ergibt immer die Gegenzahl.

D. h. die Gegenzahl von +2 ist –2 und die Gegenzahl von –2 ist +2.

Subtrahieren einer Zahl bedeutet, das gleiche wie das Addieren der Gegenzahl.

Beispiel: 12 – 8 = 12 + (–8) = 4

Lehrplan und Grundwissen Mathematik 5. Klasse — Seite: 25

Folgende Vorzeichenregeln musst du dir merken:

$$+ (+x) = +x$$
$$+ (-x) = -x$$
$$- (+x) = -x$$
$$- (-x) = +x$$
$$(+x) \cdot (+y) = + (x \cdot y)$$
$$(+x) \cdot (-y) = - (x \cdot y)$$
$$(-x) \cdot (+y) = - (x \cdot y)$$
$$(-x) \cdot (-y) = + (x \cdot y)$$
$$(+x) : (+y) = + (x : y)$$
$$(-x) : (+y) = - (x : y)$$
$$(+x) : (-y) = - (x : y)$$
$$(-x) : (-y) = + (x : y)$$

1.12.2 Ganze Zahlen

Die Menge der natürlichen Zahlen N und die Menge der negativen Zahlen ergeben gemeinsam mit der Zahl 0 die Menge Z der ganzen Zahlen.

$$Z = \{ ..., -5, -4, -3, -2, -1, 0, 1, 2, 3, 4, 5, ...\}$$

Jede Ganze Zahl hat als Vorzeichen entweder ein „+" oder „–". Ist kein Vorzeichen angegeben, musst du dir als Vorzeichen ein „+" denken.

Die Menge der ganzen Zahlen ist unendlich.

1.13 Rechenregeln

1.13.1 Punkt vor Strich

Die „Punkt vor Strich"– Regel besagt, dass bei einer Aufgabe, die sowohl Strichrechnungen (Plus und Minus) als auch Punktrechnungen (Mal und Geteilt) beinhaltet, die Punktrechnungen zuerst gerechnet werden und dann die Strichrechnungen. Sind Klammern vorhanden, gehen diese aber vor.

D. h., es gilt: **„Punkt vor Strich, die Klammer sagt: „Zuerst komm ich!"**

Klammer vor Punkt vor Strich!

Beispiele:

$2 \cdot 3 + 6 = (2 \cdot 3) + 6 = 6 + 6 = 12$ Hier musst du dir die Klammern denken.

$2 \cdot (3 + 6) = 2 \cdot (9) = 18$ Sind Klammern vorhanden, so musst du auf jeden Fall die Klammern zuerst ausrechnen.

1.13.2 Assoziativgesetz

Das Assoziativgesetz bezieht sich lediglich auf Additionen und Multiplikationen.

Bei einer Addition dürfen die Summanden beliebig zusammengefasst werden, ohne dass sich das Ergebnis ändert.

Bei einer Multiplikation können die Faktoren in beliebiger Reihenfolge zusammengefasst werden, ohne dass sich das Ergebnis des Produktes verändert.

<u>Allgemein:</u>

Addition: $\quad a + b + c + d = (a + b) + (c + d) = a + (b + c) + d$

oder $\quad (x + y) + z = x + (y + z)$

Multiplikation: $\quad a \cdot b \cdot c = (a \cdot b) \cdot c = a \cdot (b \cdot c)$

oder $\quad (x \cdot y) \cdot z = x \cdot (y \cdot z)$

<u>Beispiele:</u>

Addition: $\quad 2 + 4 + 7 + 9 = (2 + 4) + (7 + 9) = 2 + (4 + 7) + 9 = 22$

Multiplikation: $\quad 2 \cdot 3 \cdot 4 = (2 \cdot 3) \cdot 4 = 2 \cdot (3 \cdot 4) =$

$$6 \cdot 4 = 2 \cdot 12 = 24$$

1.13.3 Kommutativgesetz

Das Kommutativgesetz bezieht sich lediglich auf <u>Additionen</u> und <u>Multiplikationen</u>.

Bei einer <u>Addition</u> dürfen die Summanden beliebig vertauscht werden, ohne dass sich das Ergebnis verändert.

Bei einer <u>Multiplikation</u> können die Faktoren in beliebiger Reihenfolge angeordnet werden, ohne dass sich das Ergebnis des Produktes verändert.

<u>Allgemein gilt:</u>

Addition: $\quad \mathbf{x + y} \quad = \quad \mathbf{y + x}$

oder $\quad a + b + c + d = a + c + d + b = c + b + d + a$

Multiplikation: $\quad \mathbf{x \cdot y} \quad = \quad \mathbf{y \cdot x}$

oder $\quad a \cdot b \cdot c = a \cdot c \cdot b = c \cdot a \cdot b$

<u>Beispiele:</u>

Addition: $\quad 2 + 4 + 7 = 4 + 7 + 2 = 2 + 7 + 4 = \mathbf{13}$

Multiplikation: $\quad 2 \cdot 3 = 3 \cdot 2 = 6$

1.13.4 Distributivgesetz

Das Distributivgesetz besagt, dass in einer Summe mit Produkten **gleiche Faktoren** zusammengefasst werden können, ohne dass sich das Ergebnis ändert.

Allgemein: $a \cdot b + a \cdot c = a \cdot (b + c)$

Oder $x \cdot (y + z) = x \cdot y + x \cdot z$

Beispiel:
$2 \cdot 4 + 2 \cdot 6 = 8 + 12 = \underline{\mathbf{20}}$

$\mathbf{2} \cdot 4 + \mathbf{2} \cdot 6 = \mathbf{2} \cdot (4 + 6) = 2 \cdot 10 = \underline{\mathbf{20}}$ (Distributivgesetz angewandt)

$3 \cdot 5 + 3 \cdot 3 = 15 + 9 = \underline{\mathbf{24}}$

$\mathbf{3} \cdot 5 + \mathbf{3} \cdot 3 = \mathbf{3} \cdot (5 + 3) = \mathbf{3} \cdot 8 = \underline{\mathbf{24}}$ (Distributivgesetz angewandt)

1.14 Römische Ziffern

Die heute verwendeten römischen Ziffern:

Zeichen	I	V	X	L	C	D	M
Wert	1	5	10	50	100	500	1000

Die Zeichen I, X, C, M dürfen maximal dreimal nebeneinander verwendet werden.

V, L, D dürfen nur ein einziges Mal nebeneinander verwendet werden.

Die Zeichen werden von links nach rechts addiert (VIII = 8), steht eine kleinere Ziffer vor einer größeren, wird sie von dieser abgezogen (XC = 90). Es darf aber maximal eine kleinere Zahl einer größeren vorangestellt werden, d. h. 95 = XCV (90+5).

Beispiele:

IV = 4 (statt IIII) (max. 3 gleiche Ziffern erlaubt!)
IX = 9 (statt VIIII)
XL = 40 (statt XXXX)
XLV = 45 (nicht VL!)
XC = 90 (statt LXXXX)
XCV = 95 (nicht VC!)
CD = 400 (statt CCCC)
CM = 900 (statt DCCCC)

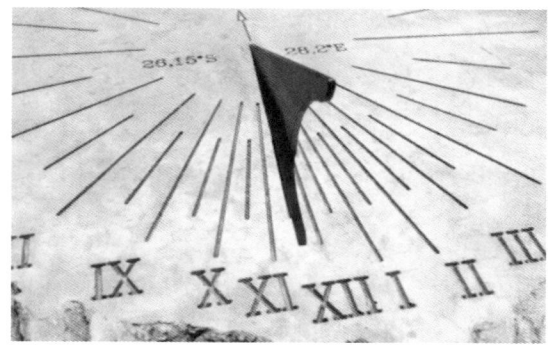

1.15 Geometrie

Formen:

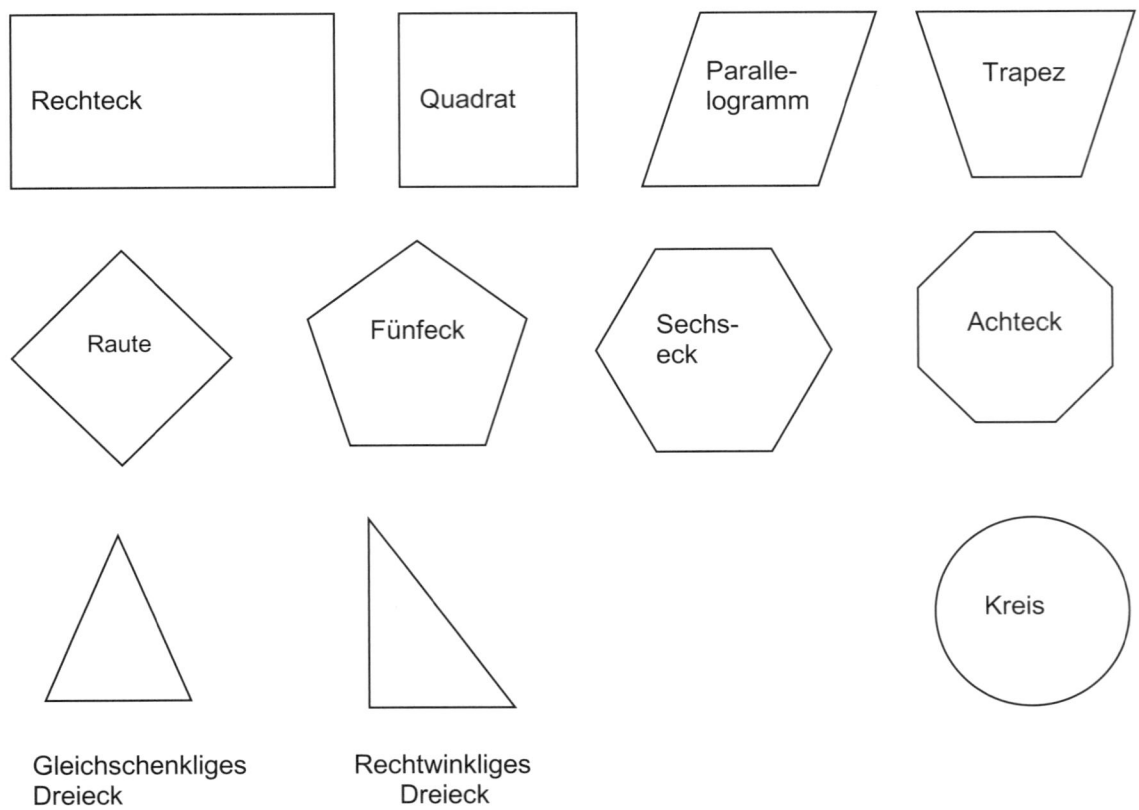

Dreieck: Jede geometrische Figur, die <u>drei Ecken</u> hat, nennt man Dreieck.

Viereck: Jede geometrische Figur, die <u>vier Ecken</u> hat, ist ein Viereck. Das Rechteck, das Quadrat, das Parallelogramm, das Trapez und die Raute sind spezielle Formen des Vierecks.

Rechteck: Ein Rechteck ist ein Viereck, bei dem die <u>gegenüberliegenden Seiten gleich lang sind</u> und <u>senkrecht</u> zueinanderstehen.

Quadrat: Das Quadrat ist eine Sonderform des Rechtecks, bei dem <u>alle Seiten gleich lang</u> sind.

Körper:

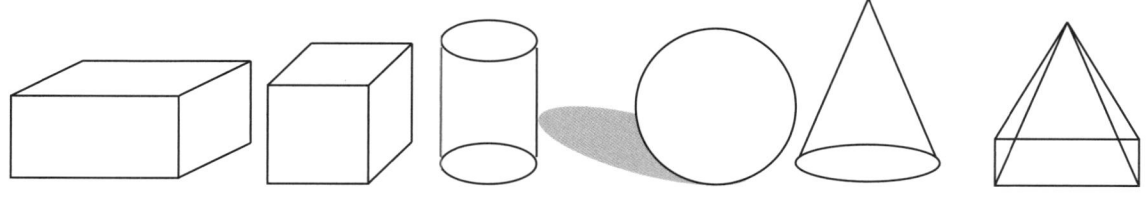

Quader   Würfel   Zylinder   Kugel   Kegel   Pyramide

Der Würfel ist eine Sonderform des Quaders, bei dem alle Kanten gleich lang sind.

In der folgenden Tabelle kannst du erkennen, welcher Körper wie viele Kanten und Ecken hat.

	Würfel	Quader	Kegel	Zylinder	Kugel	Pyramide
Ecken	8	8	1	0	0	5
Kanten	12	12	1	2	0	8
Flächen	6	6	2	3	1	5

Würfelnetze: Es gibt genau **11** mögliche Würfelnetze.

Lehrplan und Grundwissen Mathematik 5. Klasse — Seite: 30

Der Würfel (eine Sonderform des Quaders)

> Die Flächen des Würfels sind alle quadratisch und gleich groß.

Die Flächen des Würfels

> Ein Würfel besteht aus der Deckfläche, der Bodenfläche und 4 Seitenflächen.

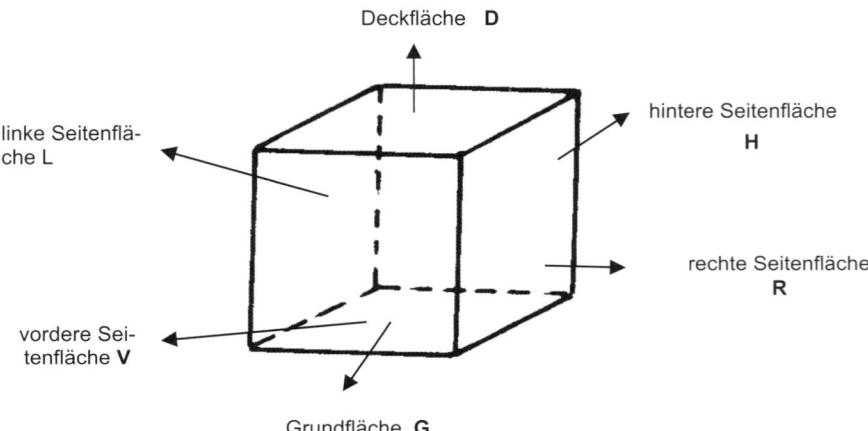

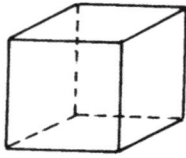 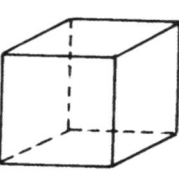 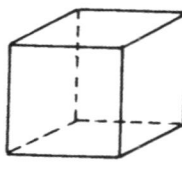

Der Würfel hat   8 Ecken,   12 Kanten und   6 Flächen.

© M. Mandl, M. Reichel München – Jede Vervielfältigung ohne schriftliche Zustimmung ist unzulässig.

Strecke

Eine Strecke ist die kürzeste Verbindung zwischen zwei Punkten A und B.

D. h., sie beginnt bei A und endet bei B.   A|————————|B.

Geraden

Eine Gerade ist im Gegensatz zu einer Strecke unendlich. Sie geht über zwei Punkte hinaus.

————A————————B————

Eine **Halbgerade** kann nur über einen Endpunkt hinaus unendlich verlängert werden.

|A————————B————

2 Geraden

mit 0 Schnittpunkten	**mit 1 Schnittpunkt**	**mit 2 Schnittpunkten**
stehen parallel zu-einander.	Sobald 2 Geraden nicht parallel stehen, treffen sie sich irgendwann.	gibt es nicht!!!

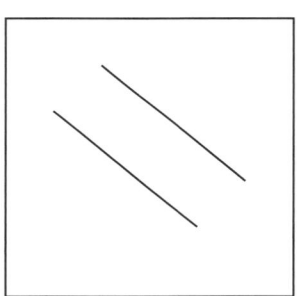 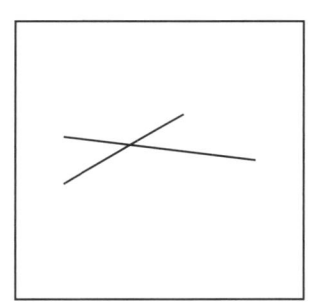

Nicht möglich, zwei Geraden können immer nur **einen oder keinen** Schnittpunkt haben!

3 Geraden

mit 0 Schnittpunkten	**mit 1 Schnittpunkt**	**mit 2 Schnittpunkten**
stehen parallel zu einander.	sobald 2 Geraden nicht parallel stehen, treffen sie sich irgendwann. Die dritte Gerade muss durch denselben Schnittpunkt gehen.	2 Geraden stehen parallel zu einander und die dritte durchkreuzt beide.

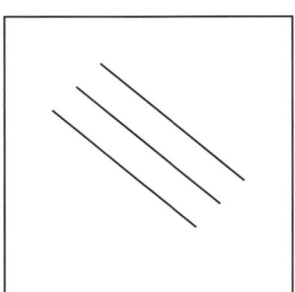 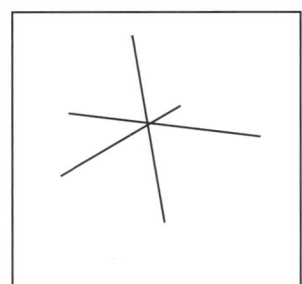 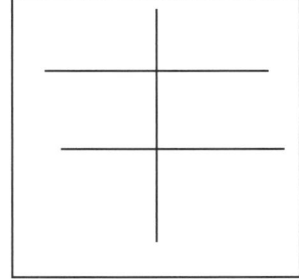

Lehrplan und Grundwissen Mathematik 5. Klasse — Seite: 32

Flächenmessung

Die Fläche eines Rechtecks berechnet man, indem man Länge a mal Breite b nimmt, die Einheit sollte dabei identisch sein. Ist dies nicht der Fall, musst du dies durch eine Umwandlung herbeiführen.

- Flächenformel eines <u>Rechtecks</u>: **A = a · b**

Das Quadrat ist ein besonderes Rechteck mit gleichlangen Seiten, hier heißt die Formel also:

- Flächenformel eines <u>Quadrats</u>: **A = a · a = a²**

Aus jedem Rechteck kannst du zwei **rechtwinklige** Dreiecke bilden. Kannst du dir vorstellen, wie also die Flächenformel eines **rechtwinkligen** Dreiecks lauten muss?

- Flächenformel eines <u>Dreiecks</u>: **A = (a · h) : 2**
- Flächenformel eines **rechtwinkligen** <u>Dreiecks</u>: **A = (a · b) : 2**

Zerlegungstrick: Versuche das gegebene Flächenstück in dir bekannte Formen (Rechtecke und Dreiecke) zu zerlegen und zähle anschließend die einzelnen Ergebnisse zusammen. (1 Kästchen entspricht in den folgenden Zeichnungen 0,5 cm)

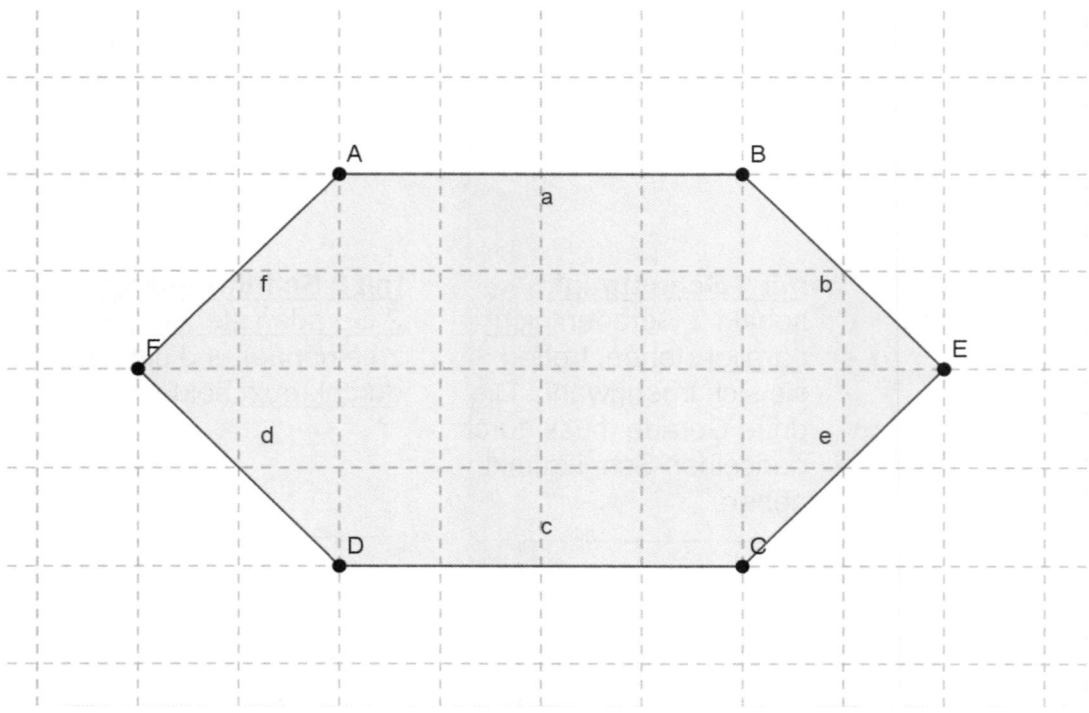

Siehe nächste Zeichnung.

Hier siehst du dir bekannte Flächen wie Dreiecke und Vierecke. Somit kannst du einfach die Flächen gemäß der entsprechenden Formeln berechnen.

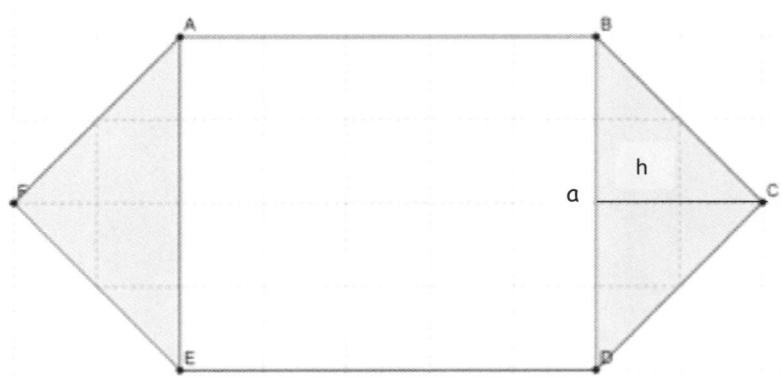

Berechnung der Fläche:

Die Figur setzt sich zusammen aus einem Rechteck und zwei (gleichen) rechtwinkligen (rw) Dreiecken:

Rechteck: $\quad$ A = a · b $\quad\rightarrow$ A = 2 cm · 2,5 cm = **5 cm²**

Dreieck (rw): $\quad$ A = (a · h) : 2 $\quad\rightarrow$ A = (2 cm · 1 cm) : 2 = 1 cm² : 2 = **1 cm²**

Gesamtfläche: $\quad$ 5 cm² + 2 · 1 cm² = **7 cm²**

Manchmal ist es einfacher ein kleines Stück hinzuzufügen, um eine Fläche zu berechnen. Hier musst du zum Schluss die hinzugefügte Fläche natürlich wieder abziehen.

Auch hier gilt ein Kästchen entspricht 0,5 cm!

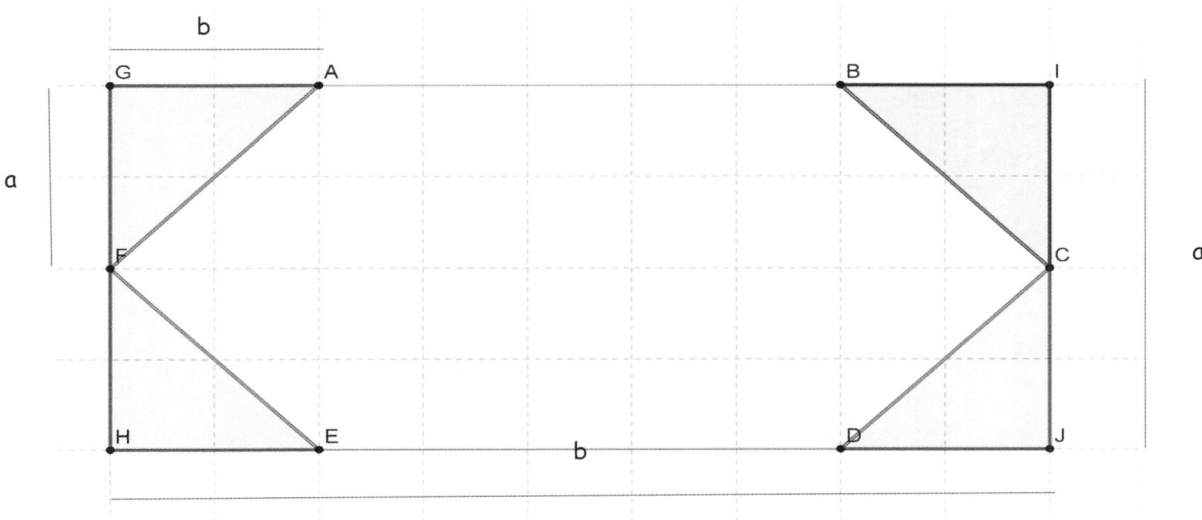

Rechteck groß: $\quad$ A = a · b $\quad\rightarrow$ A = 2 cm · 4,5 cm = **9 cm²**

Dreieck (rw): $\quad$ A = (a · b) : 2 $\quad\rightarrow$ A = (1 cm · 1 cm) : 2 = 1 cm² : 2 = **0,5 cm²**

4 Dreiecksflächen müssen von der Gesamtfläche abgezogen werden:
$\qquad\qquad$ 4 · 0,5 cm² = **2 cm²**

Gesamtfläche: $\quad$ 9 cm² + 2 · 1 cm² = **7 cm²**

Lehrplan und Grundwissen Mathematik 5. Klasse — Seite: 34

Koordinatensystem

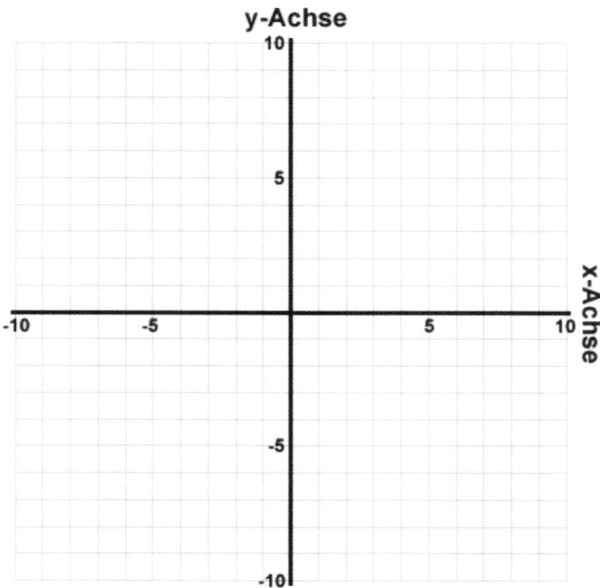

Achsensymmetrie

Eine Figur, die achsensymmetrisch ist, lässt sich so falten, dass die beiden Teile, die durch die Achse geteilt werden, genau aufeinanderpassen. Die Faltlinie nennt man Symmetrieachse.

Hier ein Dreieck in einem Koordinatensystem gespiegelt an der Achse d:

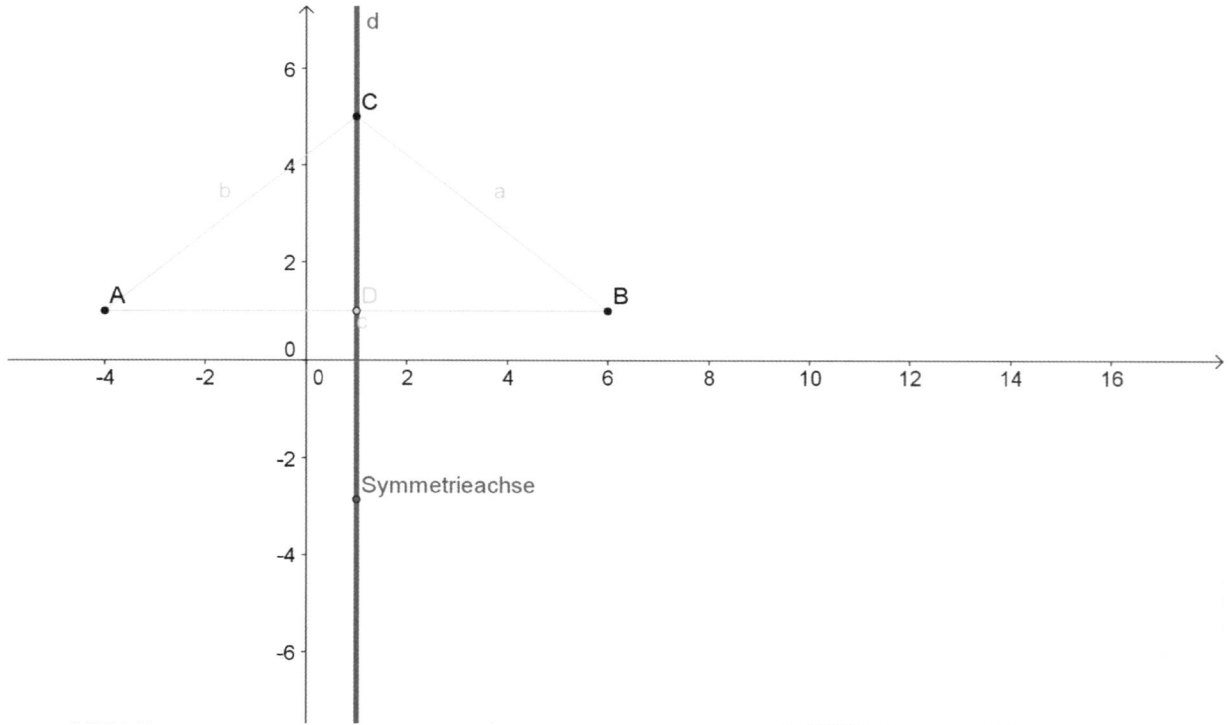

Lehrplan und Grundwissen Mathematik 5. Klasse Seite: 35

Hier die Symmetrieachsen an einem Viereck.

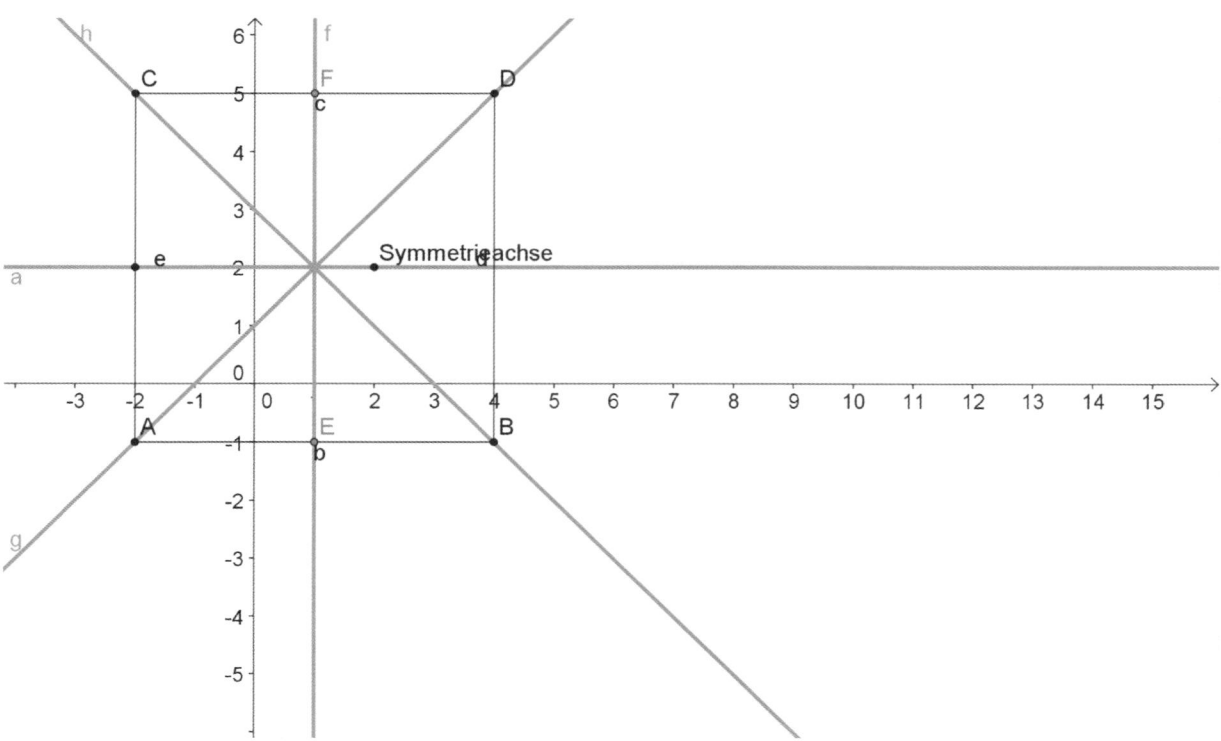

Weitere klassische Beispiele:

Winkel

Es gibt verschiedene Arten von Winkeln. Hier sind drei verschiedene Winkel dargestellt.

a) stumpfer Winkel = $90° < α < 180°$

Der Winkel $α = ∢ A, S, B = 113{,}13°$

Einen Winkel nennt man stumpf, wenn sein Wert zwischen 90° und 180° liegt.

b) rechter Winkel = $ß = 90°$

Der Winkel $ß = ∢ D, E, F = 90°$

Ein rechter Winkel umfasst genau 90° und ist der vierte Teil eines Vollwinkels (360°).

c) spitzer Winkel =

Der Winkel $y = ∢ H, G, I = 34{,}51°$

Für einen spitzen Winkel gilt $0° < y < 90°$.

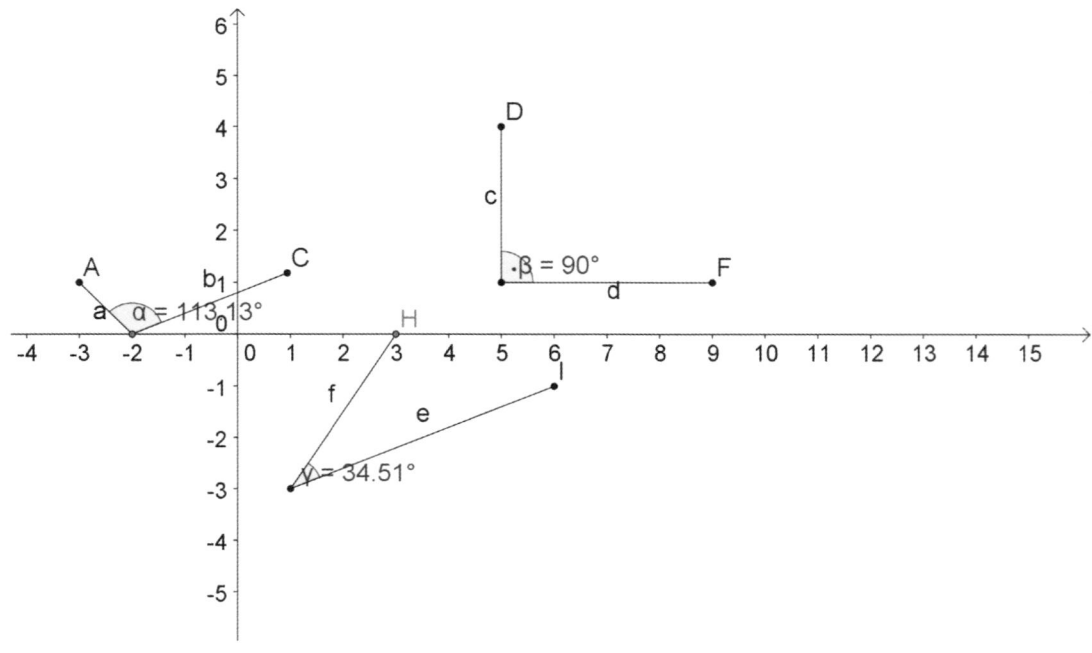

1.16 Rechnen mit Maßeinheiten

Vor den dir bekannten Einheiten stehen oft Buchstaben, die folgende Bedeutung haben:

Buchstabe	Aussprache	Bedeutung	Beispiel
M	Mega	1000000	1 MB = 1000000 Byte
k	kilo	1000	1 km = 1000 m
h	hekto	100	1 ha = 100 a
d	dezi	Zehntel	1 dm = 1/10 m = 0,1 m
c	centi	Hundertstel	1 cm = 1/100 m = 0,01 m
m	milli	Tausendstel	1 mm = 1/1000 m = 0,001 m

	Zeichen	Sprechweise
Währungseinheit	€	Euro
	ct	Cent
Längenmaß	km	Kilometer
	m	Meter
	dm	Dezimeter
	cm	Zentimeter
	mm	Millimeter
Hohlmaß	hl	Hektoliter
	l	Liter
	dl	Deziliter
	cl	Zentiliter
	ml	Milliliter
Gewichtsmaß	t	Tonne
	kg	Kilogramm
	g	Gramm
Zeiteinheit	h	Stunde
	min	Minute
	s	Sekunde

Lehrplan und Grundwissen Mathematik 5. Klasse   Seite: 38

Bevor du anfängst mit Größen zu rechnen, müssen die Größen in **dieselbe Maßeinheit** gebracht werden.

Wenn du mit Größen multiplizierst, werden auch die Einheiten multipliziert.

z. B.: 2 m · 2 m = **4 m²** ;   2 m · 2 m · 1 m = **4 m³**

Entsprechungen von Maßeinheiten:

Kilometer	1 km	1.000 m
Meter	1 m	100 cm
Zentimeter	1 cm	10 mm
Tonne	1 t	1.000 kg
Kilogramm	1 kg	1.000 g
Hektoliter	1 hl	100 l
Liter	1 l	1.000 ml
1 Tag	1 Tag	24 h
Stunde	1 h	60 min
Minute	1 min	60 s
1 €	1 €	100 Ct

1 m	10 dm	100 cm	1.000 mm
1 l	10 dl	100 cl	1.000 mm
1 Jahr	52 Wochen	365 Tage	
1 h	60 min	3600 s	

Flächenmaße:

Hektar	1 ha	100 a	10.000 m²
Ar	1 a	100 m²	10.000 dm²
Quadratmeter	1 m²	100 dm²	10.000 cm²
Quadratdezimeter	1 dm²	100 cm²	10.000 mm²
Quadratzentimeter	1 cm²	100 mm²	

Wenn du bei Flächenmaßen in die nächst **größere** Einheit umrechnen möchtest, musst du die Zahl durch 100 dividieren.

Umgekehrt musst du, wenn du in die nächst **kleinere** Einheit umrechnen möchtest, die Zahl mit 100 multiplizieren.

© M. Mandl, M. Reichel München – Jede Vervielfältigung ohne schriftliche Zustimmung ist unzulässig.

Leistungsnachweis – Rechnen mit natürlichen Zahlen

Römische Zahlen, Koordinatensystem, Zehnerpotenzen, Kombinatorik, Fakultät

Seite: 39

2 Rechnen mit natürlichen Zahlen

2.1 Kleiner Leistungsnachweis 1 – römische Zahlen

1) Schreibe die römischen Zahlen um in **arabische** Ziffern! — 8

XII	
CCCXLI	
MMCM	
XXVII	
XXIII	
LXXXI	
MMX	

2) Notiere die angegebenen Zahlen in **römischen** Ziffern! — 6

140	
400	
88	
2970	
1984	
50	

3) Welche Zahl ist hier gemeint? Was ist falsch? Wie lautet die Zahl richtig! — 2

VC: _____

_____

Von 16 Punkten hast du _____ erreicht.

Leistungsnachweis – Rechnen mit natürlichen Zahlen
Römische Zahlen, Koordinatensystem, Zehnerpotenzen, Kombinatorik, Fakultät

2.2 Kleiner Leistungsnachweis 2 (Oktober)

4) Gib bitte das Ergebnis der Vereinigungs– bzw. Schnittmengen in möglichst kurzer Form an. [7]

   a) $V_8 \cap V_{16}$ = _____

   b) $V_8 \cup V_{16}$ = _____

   c) $T_4 \cap T_8$ = _____

   d) $N \cup T_{18}$ = _____

   e) $V_9 \cap T_{12}$ = _____

   f) $N \cap V_{17}$ = _____

   g) $T_9 \cap T_{72}$ = _____

5) Runde auf die in Klammern angegeben Einheit! [4]

   a) 218728 mm → _____ (m)

   b) 18223 cm → _____ (m)

   c) 1823 m → _____ (km)

   d) 673 m → _____ (km)

6) Runde die Zahlen [6]

	auf Zehner	auf Hunderter	auf Tausender
7457			
19608			

7) Setze bitte vier der Ziffern 1, 3, 5, 8, 9 ein. [4]

   a) Der Wert der Differenz soll die größte, mögliche Zahl ergeben.

   ☐☐ - ☐☐ =

   b) Der Wert der Differenz soll möglichst nahe an 30 liegen.

   ☐☐ - ☐☐ =

Viel Erfolg!

Von 21 Punkten hast du _____ erreicht.

Leistungsnachweis – Rechnen mit natürlichen Zahlen

Römische Zahlen, Koordinatensystem, Zehnerpotenzen, Kombinatorik, Fakultät

Seite: 41

2.3 Kleiner Leistungsnachweis 3 (November)

1) Berechne folgende Terme. **[8]**

   a) $6 - (-12)$ = _____

   b) $6 - 12$ = _____

   c) $0 - 6 - (-6)$ = _____

   d) $(-6) - (-12)$ = _____

   e) $300 - 350 - 19)$ = _____

   f) $70 + (-70)$ = _____

   g) $77 + 23 - 250$ = _____

   h) $8 + (-5) - (-7)$ = _____

2) Welche Zahl liegt auf dem Zahlenstrahl zwischen **[2]**

   a) 7 und –15? _____

   b) 9 und –11? _____

3) Begründe, ob folgende Aussagen wahr oder falsch sind. **[4]**

   a) Die Summe zweier negativer Zahlen ist immer positiv.

   b) Die Differenz zweier positiver Zahlen ist stets positiv.

   c) Subtrahieren einer Zahl bedeutet dasselbe, wie das Addieren der Gegenzahl.

   d) Der Betrag einer Zahl ist immer der Abstand zu der Zahl 0.

4) Schreibe in Ziffernschreibweise! **[4]**

   a) Drei Milliarden 250 Millionen Zweihundertzwölftausendeinundzwanzig
   _____

   b) Drei Milliarden 250 Millionen Zweihundertzwölftausendeinundzwanzig
   _____

Viel Erfolg! Von 18 Punkten hast du _____ erreicht.

Leistungsnachweis – Rechnen mit natürlichen Zahlen

Römische Zahlen, Koordinatensystem, Zehnerpotenzen, Kombinatorik, Fakultät

2.4 Schulaufgabe 1–1 – römische Ziffern / Primzahlen / natürliche Zahlen

1) Schreibe folgende Zahlen mit römischen Ziffern: **[2]**

a) 1987 _____

b) 2010 _____

2) Schreibe die nachstehenden Zahlen als Zehnerpotenzen: **[2]**

a) 30 Billionen _____

b) 410000000 _____

3) Schreibe die geforderten Zahlen aus der Menge der positiven Zahlen auf! **[4]**

a) Wie heißt die größte sechsstellige Zahl? _____

b) Wie heißt die größte und die kleinste sechsstellige Zahl mit der Quersumme 19.

_____   _____

c) Sind die in Aufgabe 3b gesuchten Zahlen durch 3 teilbar? Begründe deine Aussage!

_____

_____

4) Was zeichnet eine Primzahl aus? **[4]**

_____

_____

Schreibe alle Primzahlen zwischen 0 und 10 auf.

_____

5) Schreibe folgende Zahlen als römische Zahlen auf: **[5]**

396 _____

496 _____

2764 _____

1234 _____

678 _____

6) Runde die Zahlen! **[3]**

	Auf Zehner	Auf Tausender
85498		
1954608		
416		

Leistungsnachweis – Rechnen mit natürlichen Zahlen   Seite: 43
Römische Zahlen, Koordinatensystem, Zehnerpotenzen, Kombinatorik, Fakultät

7) Sind die Aussagen bezogen auf die Menge der natürlichen Zahlen – wahr oder falsch? Schreibe **w** oder **f** dahinter! a) Jede natürliche Zahl hat eine natürliche Zahl als Vorgänger. b) Es gibt 10 Quadratzahlen, die kleiner als 100 sind. c) Es gibt genau eine gerade Primzahl.	3
8) Rechne möglichst vorteilhaft! $-(8) \cdot 21 \cdot 125 \cdot 5 \cdot (-2) =$ _____	4

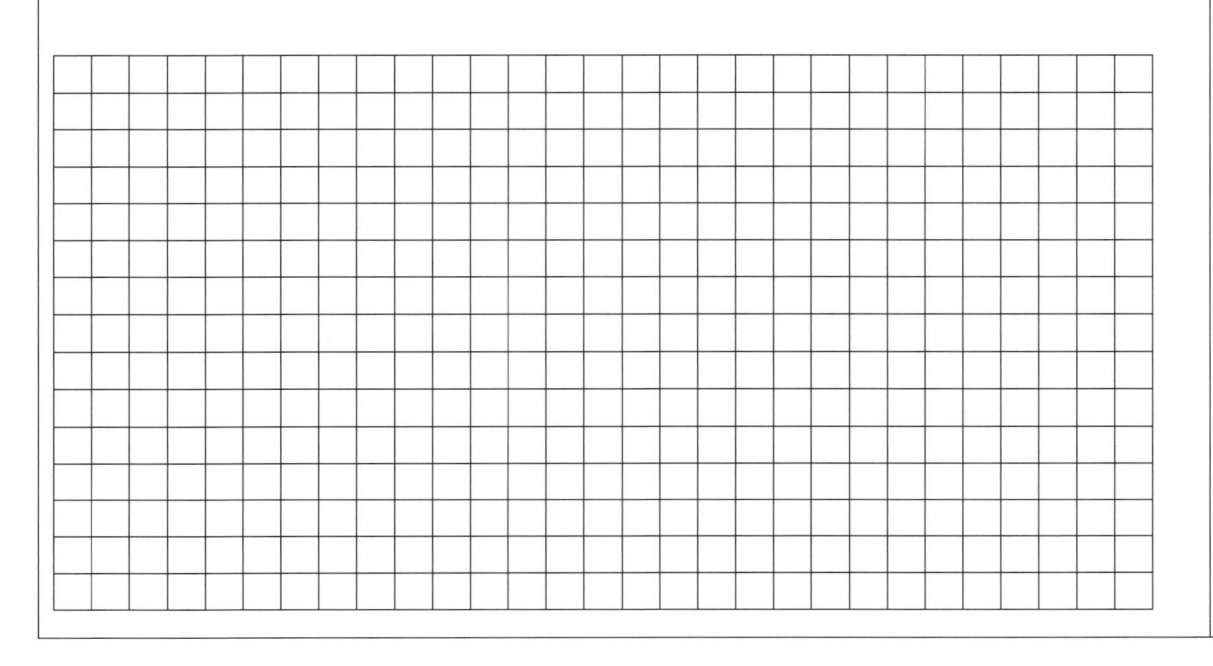

Viel Erfolg!

Von 27 Punkten hast du ____ Punkte erreicht.

Leistungsnachweis – Rechnen mit natürlichen Zahlen
Römische Zahlen, Koordinatensystem, Zehnerpotenzen, Kombinatorik, Fakultät

2.5 Schulaufgabe 1–2 – Zehnerpotenzen / Primzahlen / Terme

1) Schreibe die nachstehenden Zahlen als Zehnerpotenzen: 3

    a)   4 Millionen   _____

    b)   137 000 000   _____

2) Schreibe folgende Zahlen mit römischen Ziffern: 2

    a)   2479   _____

    b)   1010   _____

3) Rechne vorteilhaft!   3

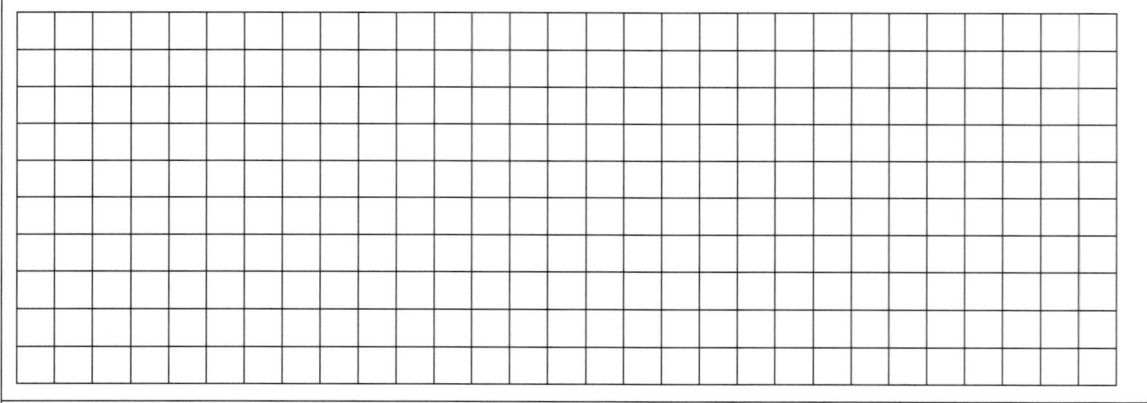

$-18 \cdot (-162) + (-138) \cdot (-18) =$ _____

4) Berechne den Term!   6

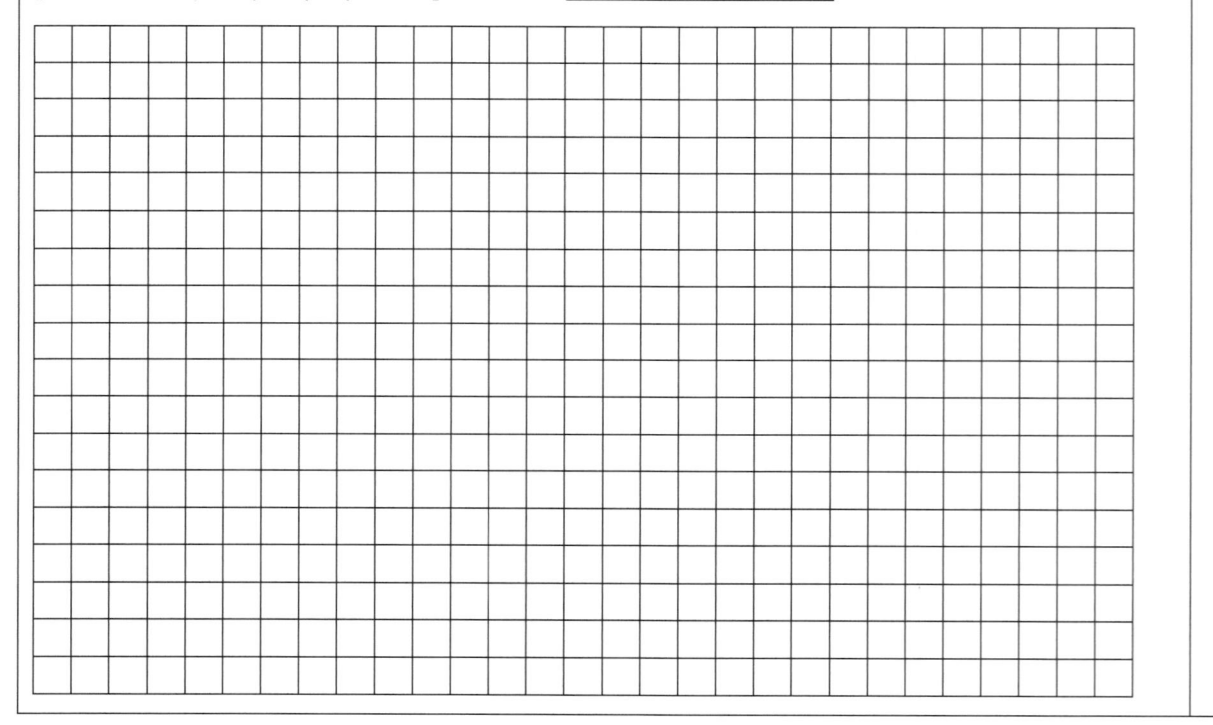

$[\,16 - 18 \cdot (-12) + (-2)^3 \cdot 5^2\,] : 4 =$ _____

Leistungsnachweis – Rechnen mit natürlichen Zahlen	Seite: 45
Römische Zahlen, Koordinatensystem, Zehnerpotenzen, Kombinatorik, Fakultät	

5) Schreibe die Zahlen stellengerecht untereinander und berechne:

a) 5607 + 6279   = _____

b) 8034 + 23795 + 12739   = _____

c) 3752 + 34 + 945   = _____

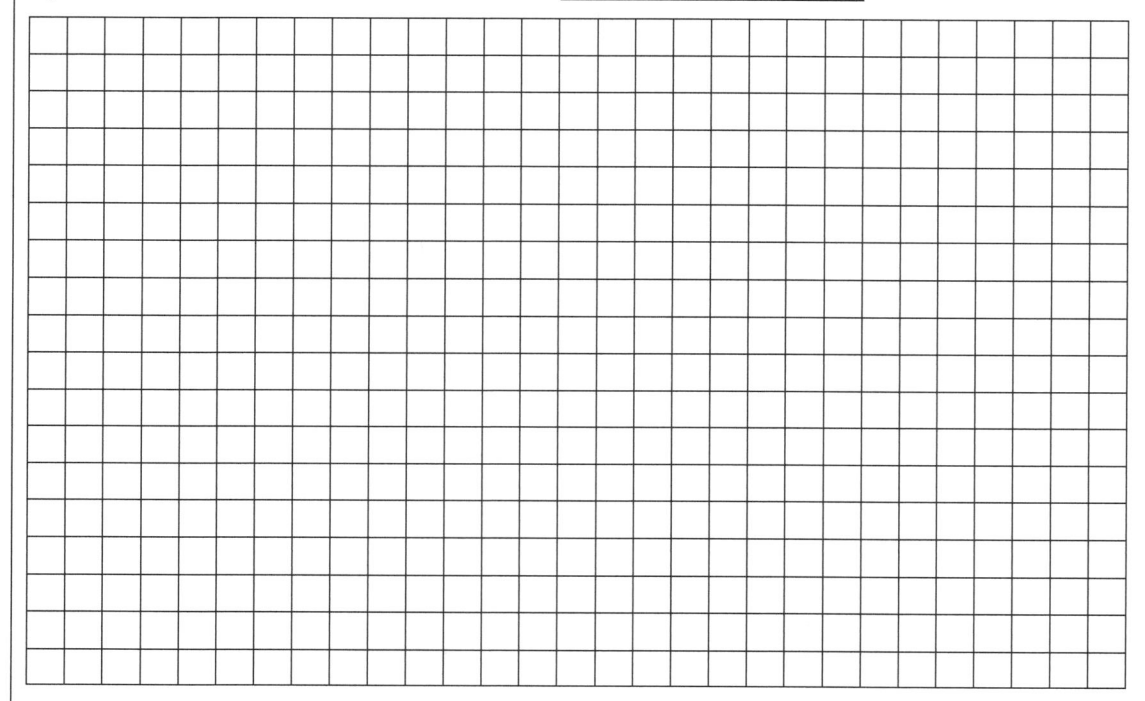

6) Bestimme die <u>Lösungsmenge</u>:

a) $24 \cdot x - 35 = 85$ b) $56 : x + 9 = 16$ c) $150 + x + 23 = 215$

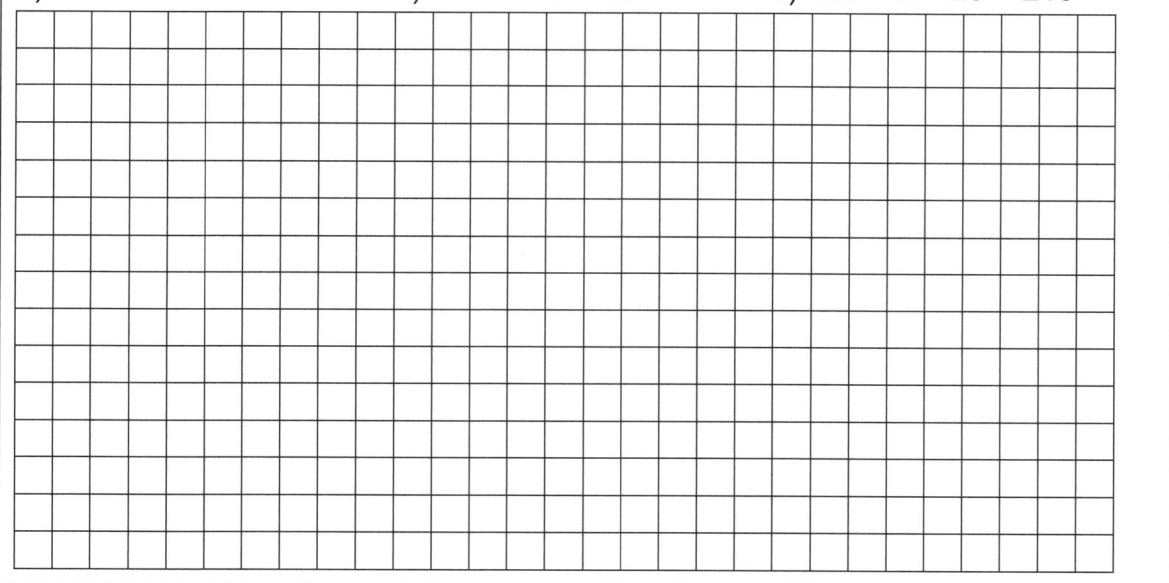

Viel Erfolg!

Von 25 Punkten hast du ___ erreicht.

2.6 Schulaufgabe 1–3 – Zehnerpotenzen / Terme

1) Multipliziere die Summe der Zahlen –68 und –24 mit dem Quotienten der Zahlen 228 und –19. **[4]**

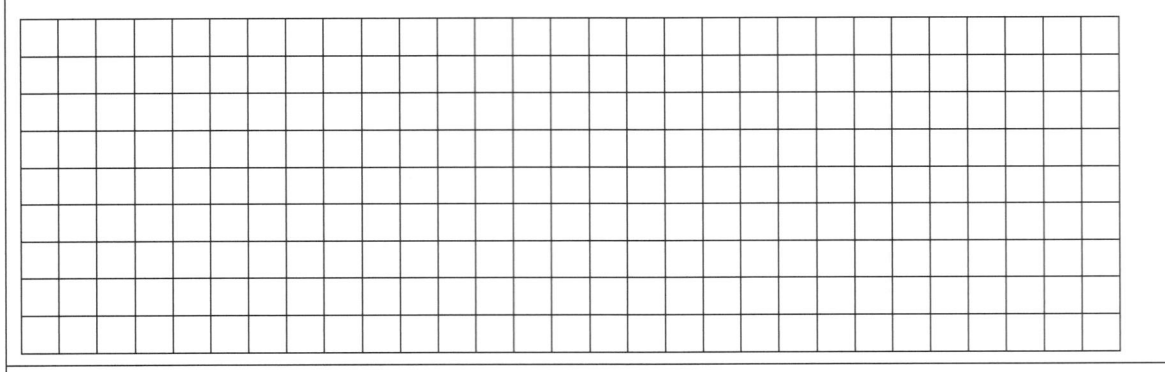

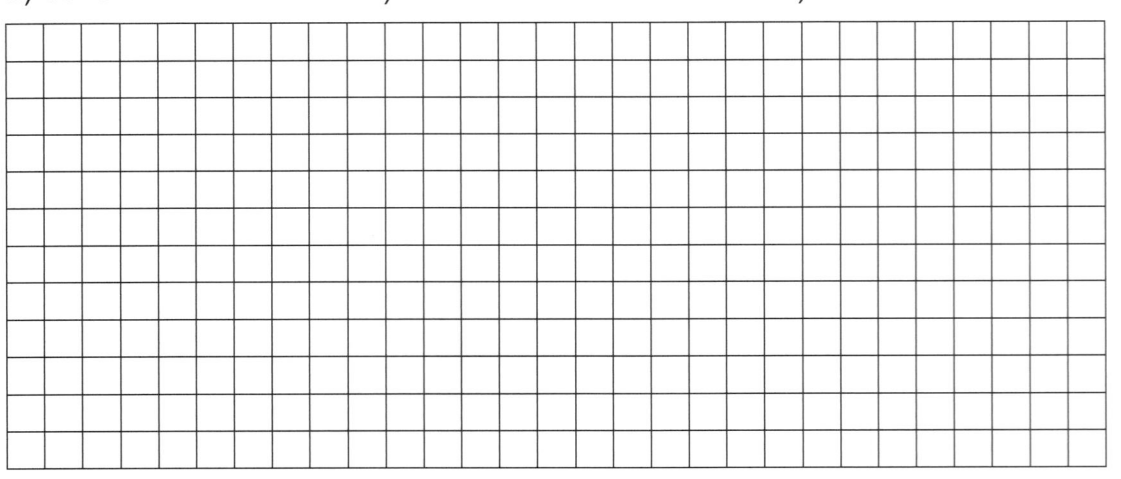

2) Schreibe die folgenden Zahlen als Term entsprechend dem Beispiel: **[3]**

    $3796 = 3 \cdot 1000 + 7 \cdot 100 + 9 \cdot 10 + 6$

    a) 83972 = _____

    b) 713904 = _____

    c) 45680 = _____

3) Benenne den Rechenablauf folgender Grundrechenarten (benutze Fachwörter). **[4]**

    Addition: _____

    Subtraktion: _____

    Multiplikation: _____

    Division: _____

4) Schreibe die Zahlen stellengerecht untereinander und berechne: **[3]**

    a) 86732 – 12906   b) 48706 – 39031   c) 8973 – 3142

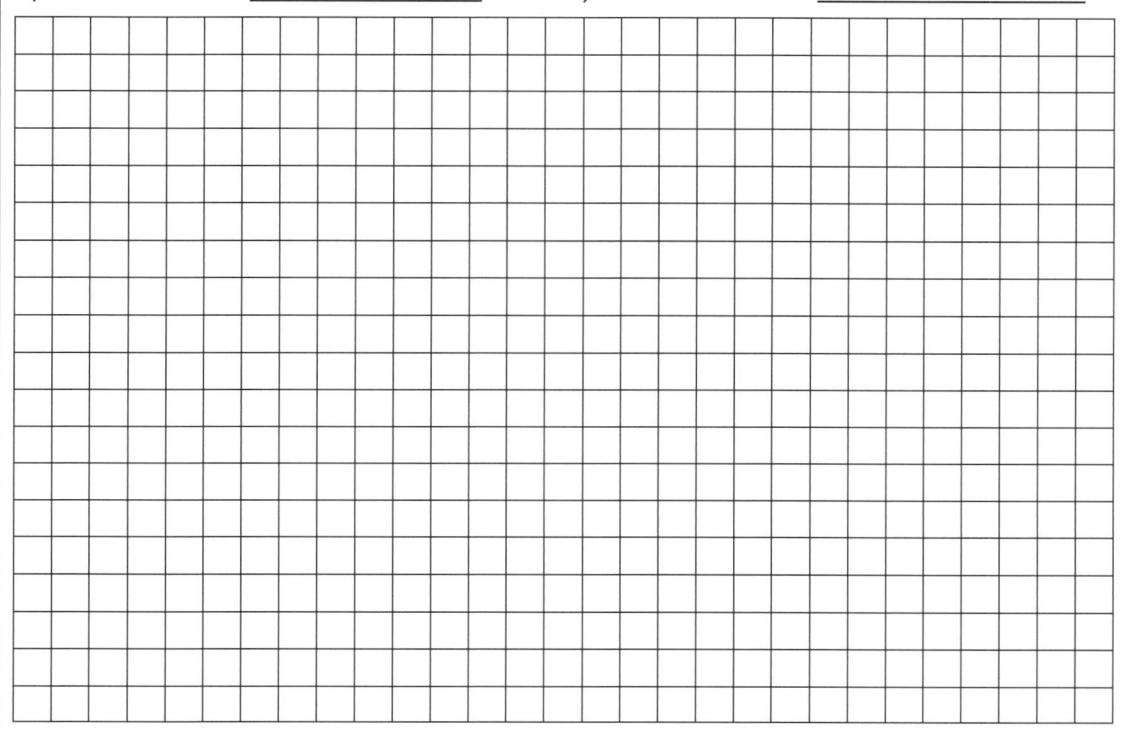

Leistungsnachweis – Rechnen mit natürlichen Zahlen

Römische Zahlen, Koordinatensystem, Zehnerpotenzen, Kombinatorik, Fakultät

5) Berechne:

a) 4329 · 87 = _____

b) 6153 · 72 = _____

c) 4137 · 312 = _____

d) 3076 · 817 = _____

6) Berechne:

a) 52974 : 81 = _____

b) 281888 : 23 = _____

c) 3301 : 16 = _____

d) 9087 : 13 = _____

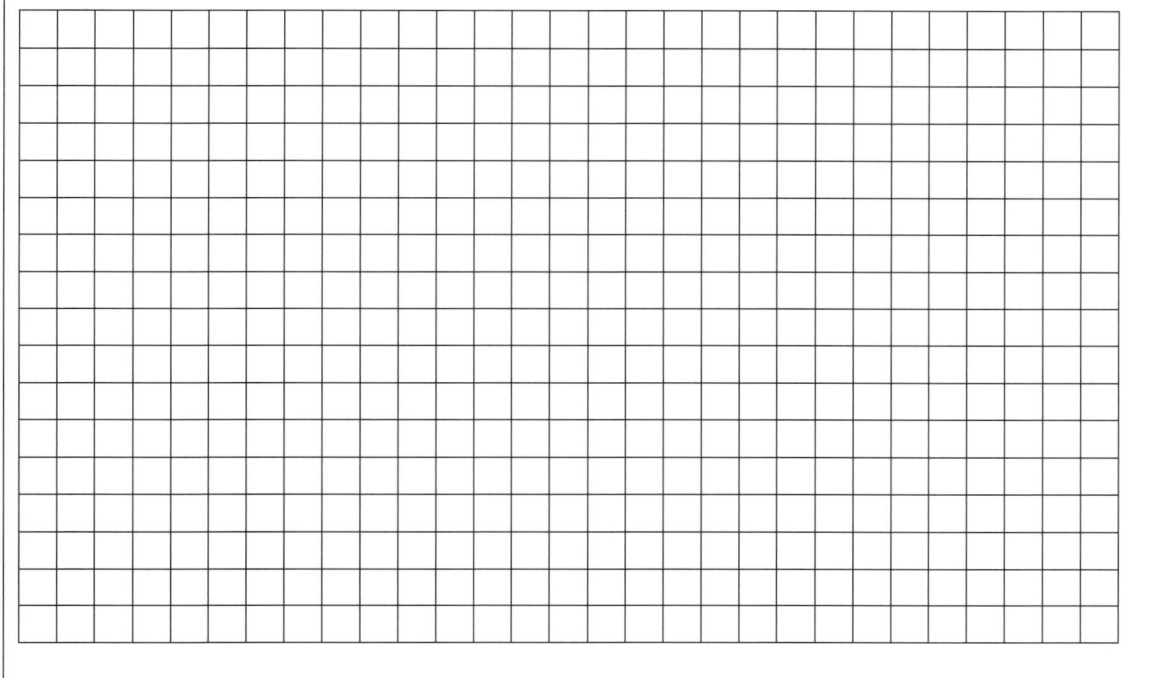

Leistungsnachweis – Rechnen mit natürlichen Zahlen

Römische Zahlen, Koordinatensystem, Zehnerpotenzen, Kombinatorik, Fakultät

Seite: 48

7) Herr Moneti kauft ein Haus zum Preis von 378 000 €.

a) Den 7. Teil des Kaufpreises zahlt Herr Moneti sofort. Wie hoch ist die Restzahlung?

b) Die Hälfte des gesamten Kaufpreises muss sich Herr Moneti von der Bank leihen.
Diesen Betrag will er in zwölf Jahren mit gleichen Monatsraten zurückzahlen. Wie hoch muss die Bank eine Rate ansetzen, wenn sie einen Gesamtgewinn von 13896 € machen will?

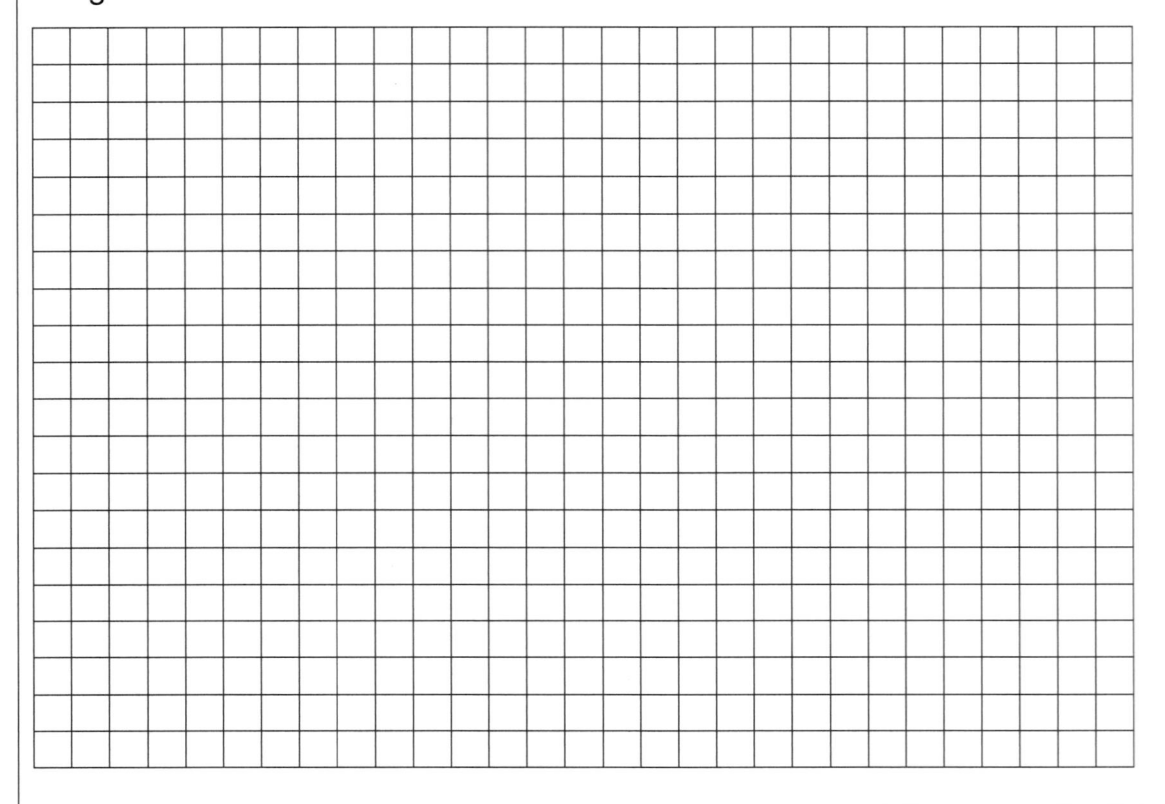

Viel Erfolg!

Von 27 Punkten hast du ____ Punkte erreicht.

Leistungsnachweis – Rechnen mit natürlichen Zahlen

Römische Zahlen, Koordinatensystem, Zehnerpotenzen, Kombinatorik, Fakultät

Seite: 49

2.7 Schulaufgabe 1–4 – römische Zahlen / Zahlenfolgen / Terme

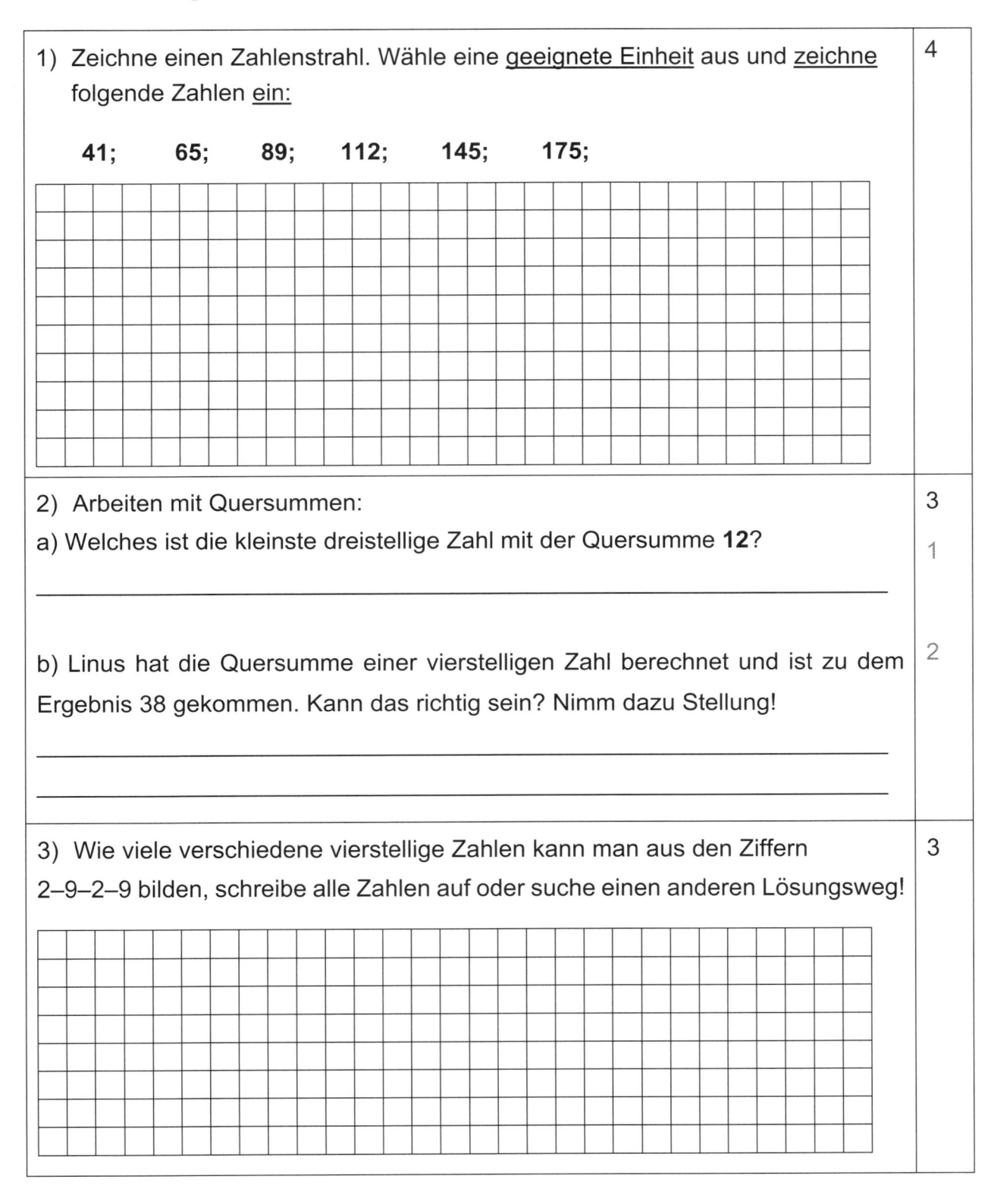

1) Zeichne einen Zahlenstrahl. Wähle eine <u>geeignete Einheit</u> aus und <u>zeichne</u> folgende Zahlen <u>ein:</u>

41;   65;   89;   112;   145;   175;

[4]

2) Arbeiten mit Quersummen:

a) Welches ist die kleinste dreistellige Zahl mit der Quersumme **12**?

b) Linus hat die Quersumme einer vierstelligen Zahl berechnet und ist zu dem Ergebnis 38 gekommen. Kann das richtig sein? Nimm dazu Stellung!

[3] [1] [2]

3) Wie viele verschiedene vierstellige Zahlen kann man aus den Ziffern 2–9–2–9 bilden, schreibe alle Zahlen auf oder suche einen anderen Lösungsweg!

[3]

Leistungsnachweis – Rechnen mit natürlichen Zahlen   Seite: 50
Römische Zahlen, Koordinatensystem, Zehnerpotenzen, Kombinatorik, Fakultät

4) a) Schreibe die Dezimalschreibweise zu folgenden römischen Zahlen: — 2

MCCLXXVI	
CDXIX	

b) Nun schreibe in römischen Ziffern!

1919	
99	

5) Setze die Zahlenreihenfolgen jeweils um vier Zahlen davor und dahinter fort! — 4

a) ____ ____ ____ ____ 35 40 45 ____ ____ ____ ____

b) ____ ____ ____ ____ 16 32 64 ____ ____ ____ ____

6) a) Zeichne folgende Punkte in ein Koordinatensystem: — 5

Verwende ein eigenes Blatt!

(1/0), (2,0), (3,0), (4,0);   (1/2), (2/2), (3/2), (4/2) und kennzeichne sie.

b) Welche Bedingungen gelten für x und y im Koordinatensystem, damit nur die Punkte aus Aufgabe 6a gekennzeichnet werden können?

_____

_____

7) Formuliere die folgenden Terme in Worten und verwende dabei Fachwörter! — 6

a) (14 + 5) – (3 + 2)   2

_____

_____

b) [28 + (10 – 3) – 4 · 3] + 12   4

_____

_____

Viel Glück!

Von 25 Punkten hast du _____ erreicht.

Leistungsnachweis – Rechnen mit natürlichen Zahlen

Römische Zahlen, Koordinatensystem, Zehnerpotenzen, Kombinatorik, Fakultät

3 Stochastik, Kombinatorik und Fakultät

3.1 Kleiner Leistungsnachweis 4 – Kombinatorik und Fakultät

1) Gib den Rechenweg und das Ergebnis an! Wie viele dreistellige Ziffernfolgen lassen sich mit den Ziffern 0 bis 6 bilden, wenn a) jede Ziffer mehrmals verwendet werden darf und die Null auch an erster Stelle stehen darf? b) keine Ziffer mehrmals verwendet werden darf und die Null nicht an erster Stelle stehen darf?	6
2) Wie viele Sitzordnungen sind bei einer Gruppe von 6 Schülern möglich?	3
3) Berechne die Fakultät von 8! **8! =**	4
4) Dein Handy hat einen vierstelligen Zahlen-PIN-Code. Wie viele Möglichkeiten für deinen PIN-Code gibt es, wenn: a) jede Ziffer beliebig oft verwendet werden darf. b) jede Ziffer darf nur einmal verwendet werden.	4 2 2

Viel Glück! Von 17 Punkten hast du _____ erreicht.

| Leistungsnachweis – Rechnen mit natürlichen Zahlen | Seite: 52 |

Römische Zahlen, Koordinatensystem, Zehnerpotenzen, Kombinatorik, Fakultät

3.2 Kleiner Leistungsnachweis 5 – Kombinatorik und Fakultät

1) Passwörter sind heute im Alltag häufig nötig. — 7

a) Unser Alphabet hat 26 Buchstaben. Wie viele verschiedene Buchstabenkombinationen für ein Passwort gibt es mit nur zwei Buchstaben? — 2

b) Für Computerpasswörter kann man Großbuchstaben, Kleinbuchstaben, Ziffern und folgende neun Sonderzeichen ! ? ; : + > < * @ verwenden. Wie viele Passwörter mit nur zwei Zeichen gibt es in diesem Fall? — 2

c) Wie viele Möglichkeiten sind es mit den Angaben aus b) aber mit drei Zeichen? — 3

2) Kerstin kann auf ihrem Fahrradschloss eine vierstellige Zahl einstellen. Für jede Stelle kann sie die Ziffern 0 bis 9 wählen. Leider hat sie ihre Geheimzahl vergessen. Sie weiß aber sicher, dass die erste Ziffer eine 7 war. Die zweite Stelle war entweder eine 3 oder 6. An die anderen beiden Stellen kann sie sich leider nicht mehr erinnern. Wie viele verschiedene Möglichkeiten hat Kerstin, bis sie ihr Schloss sicher öffnen kann? — 4

3) Überlege und berechne! — 2

15! : 13! =

Viel Glück! Von 13 Punkten hast du _____ erreicht.

4 Rechenfertigkeit – Terme

4.1 Schulaufgabe 2–1

1) Terme:	4,5
a) Benenne bitte die einzelnen Teile des Terms mit den korrekten Fachbegriffen. (5 + 3) • (2 – 1) = 8	1,5
b) Um welchen Gesamtterm handelt es sich? _____	1
c) Wie heißt der Fachbegriff für die Zahlen, die im obigen Term verwendet werden? _____	1
d) Was bedeuten die Klammern? _____	1
2) Rechne den Term aus. Überlege dir, wie du am besten vorgehst! 1120 – 7431 + 7461 – 3487 + 2636 + 987 + 1214 = _____	3
3) Rechne aus! a) – 17 – (–87) = _____ b) – 893 – 323 = _____ c) 71 – (–25 + 103) = _____ d) – 97 + 34 – 21 + 29 = _____	4
4) Rechne aus! – 1 + 25 · (14² – 171) = _____	4

Leistungsnachweis – Rechenfertigkeit – Terme
Natürliche Zahlen, Terme, Wert / Betrag einer Zahl

Seite: 54

5) Ergänze die fehlenden Zahlen in den Klammern. | 4

   a)   – 36 + (_____)   = – 35

   b)   (_____) – (–27)   = 13

   c)   – 76 + (_____)   = – 43

   d)   (_____) – 27   = 13

6) Wenn du meine Zahl mit 7 multiplizierst, dann 199 addierst und danach 34 subtrahierst, erhältst du die Hälfte von 400. | 4

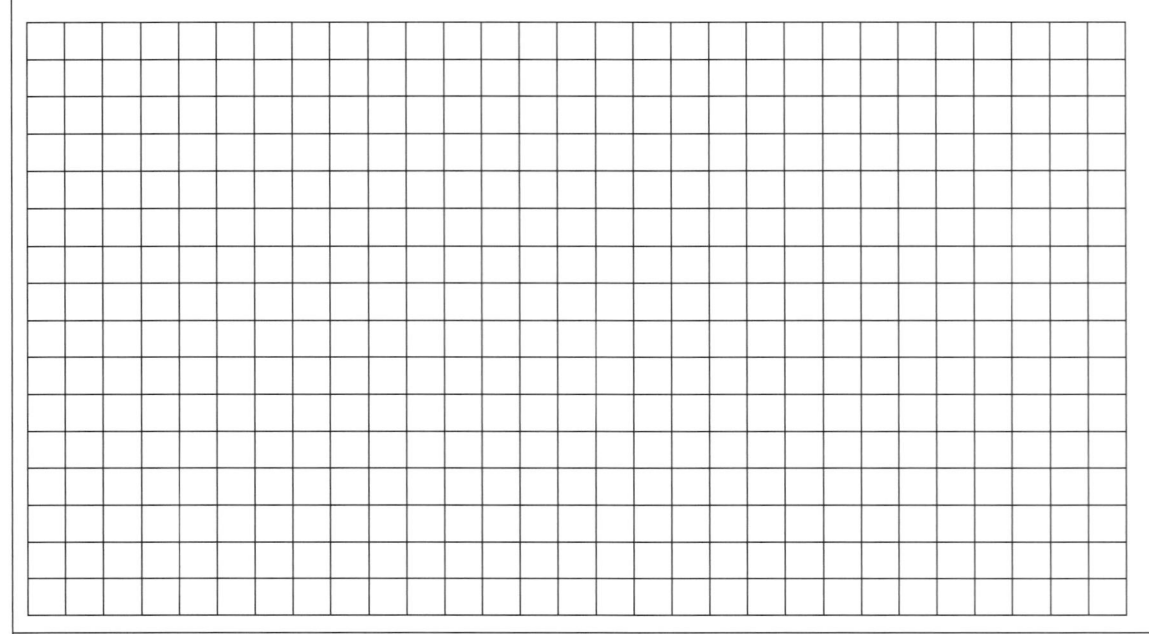

7) Auf einem Zahlenstrahl sind zwei Zahlen markiert. Die beiden Zahlen unterscheiden sich um 14 und sind von der Zahl 5 gleich weit entfernt. Welche Zahlen sind markiert? | 2

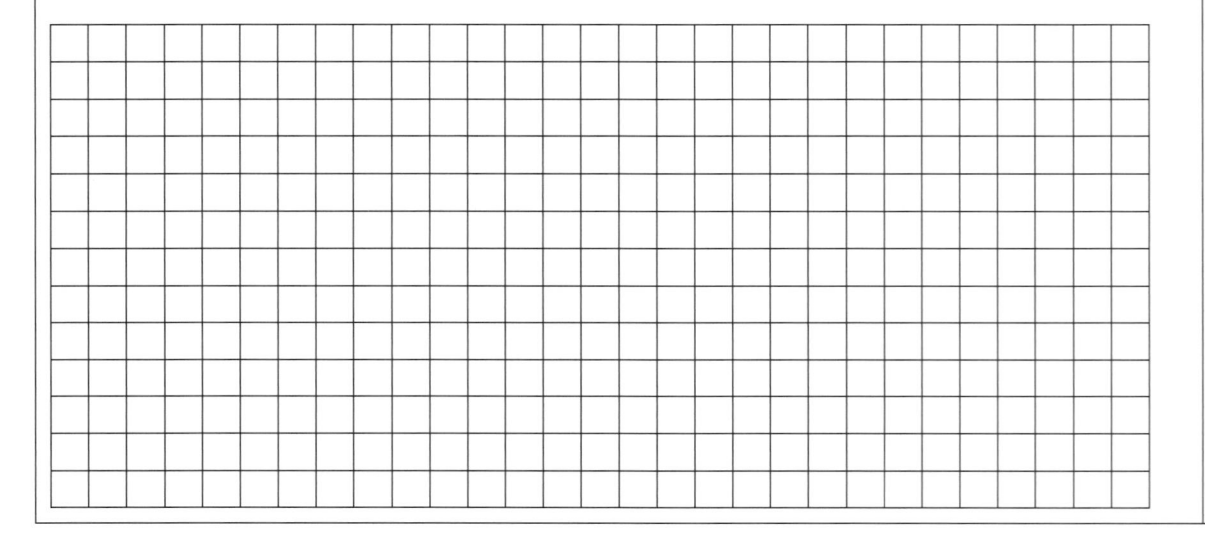

© M. Mandl, M. Reichel München – Jede Vervielfältigung ohne schriftliche Zustimmung ist unzulässig.

Leistungsnachweis – Rechenfertigkeit – Terme
Natürliche Zahlen, Terme, Wert / Betrag einer Zahl

8) $1345 - [\,(821 - 421) + [512 - (-28 + 2)]\,]$

a) <u>Gliedere</u> den angegebenen Term, indem du seine ‚Baum'–Struktur aufschreibst.

b) Rechne nun den Term aus!

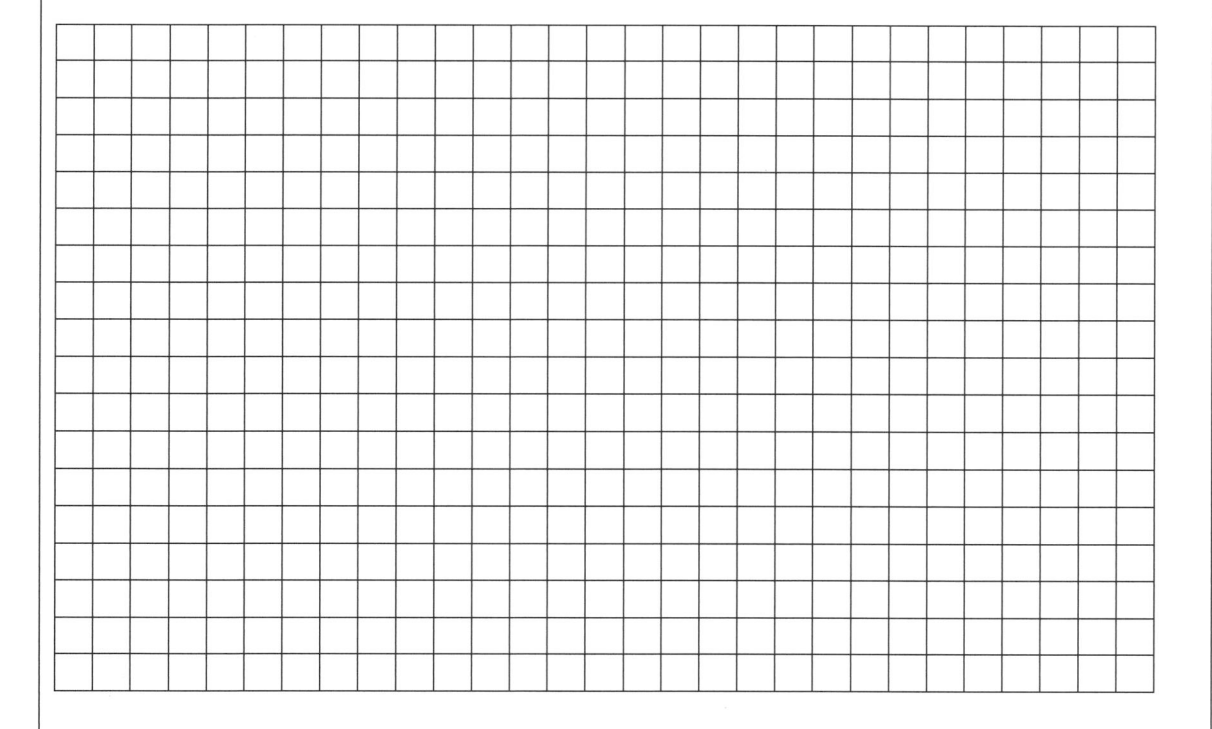

9) Setze die nachstehenden Wörter an den richtigen Stellen ein:

        Strich   **Punkt**   **Klammer**

_____ vor _____ vor _____

Leistungsnachweis – Rechenfertigkeit – Terme
Natürliche Zahlen, Terme, Wert / Betrag einer Zahl

Seite: 56

10) Marina erhält wöchentlich 2 € Taschengeld von ihren Eltern. Ihr Onkel gibt ihr diese Woche die Hälfte, ihre Tante das Doppelte des Taschengeldes dazu. Marina möchte ihrer Mutter für das gesamte Geld, das sie diese Woche erhält 7 Rosen schenken. Wie teuer darf eine Rose sein?

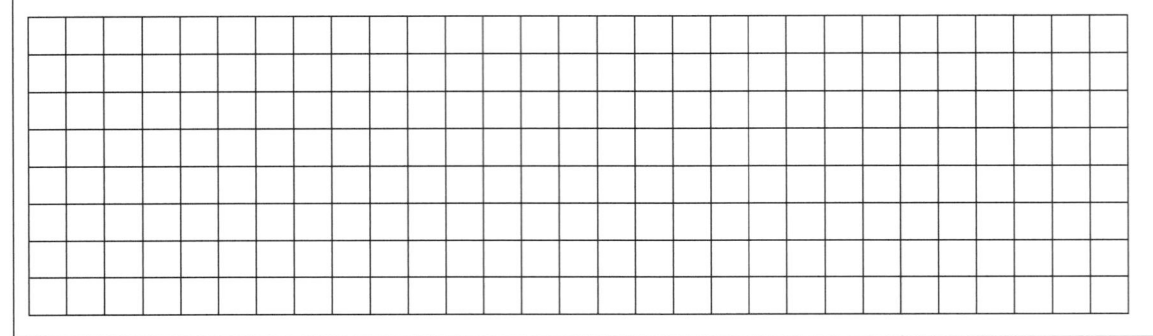

| 2 |

11) Dieses Grundstück ist im Maßstab 1:600 gezeichnet.
a) Was bedeutet dieser Maßstab?
_____

b) Miss die Länge und Breite der Zeichnung.
   Wie lang und breit ist das Grundstück in Wirklichkeit? Gib dein Ergebnis auch in Metern an!

c) Berechne den <u>tatsächlichen</u> Umfang in Metern!

d) Berechne die echte Grundstücksfläche in m²!

| 6 |

Viel Erfolg!

Von 41 Punkten hast du _____ Punkte erreicht.

Leistungsnachweis – Rechenfertigkeit – Terme
Natürliche Zahlen, Terme, Wert / Betrag einer Zahl

4.2 Schulaufgabe 2–2

1) Rechne den Term aus. Überlege dir, wie du am besten vorgehst! [3]

   $-253 + 6531 + 461 - 6487 + 245 - 987 + 287 =$

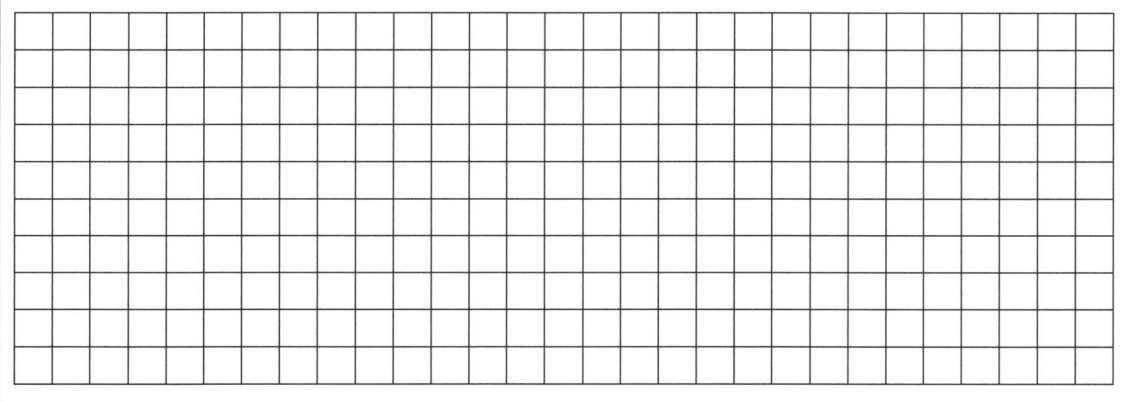

2) Zeichne einen Zahlenstrahl von –10 bis +10 [4]

   a) Markiere alle Ganzen Zahl für die gilt $4 < |x| < 8$ [2]

   b) Welche Zahlen haben den Betrag 1? _____ [1]

   c) Welche Zahl liegt auf dem Zahlenstrahl in der Mitte zwischen –8 und +4? [1]

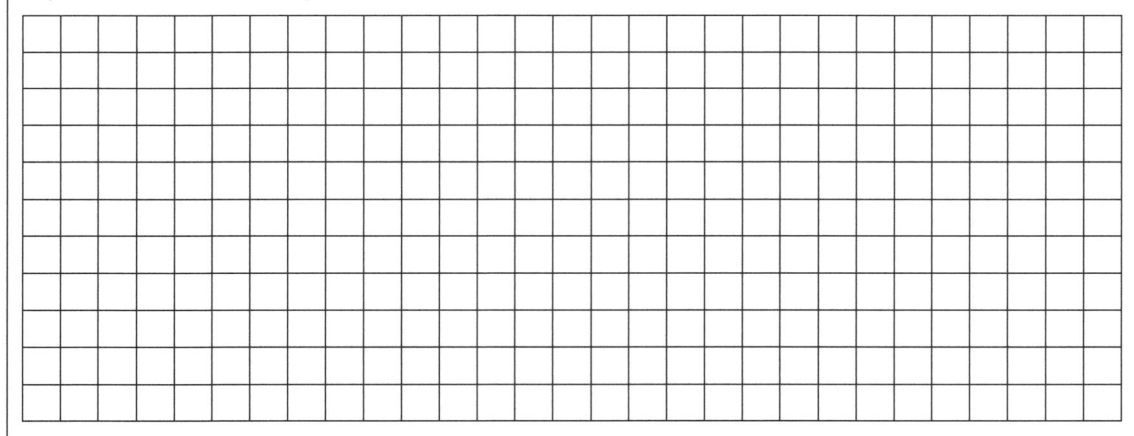

3) Ordne die angegebenen Zahlen aufsteigend (beginne mit der kleinsten Zahl). [2]

   –1021; –1111; –1102;
   _____

4) Berechne: [3]

   a) $-55 + 46 - 73 + 24$ = _____

   b) $13 - 14 + 25 - 26 - 8$ = _____

   c) $91 - 33 - 87 + 29$ = _____

Leistungsnachweis – Rechenfertigkeit – Terme
Natürliche Zahlen, Terme, Wert / Betrag einer Zahl

5) $12345 - [\,(4321 - 4521) + (512 - 128 \cdot 2)\,]$

a) Gliedere den angegebenen Term, indem du seine ‚Baum'–Struktur aufschreibst.

b) Rechne nun den Term aus!

c) Um welche Termart handelt es sich hier?

6) Auf einem Zahlenstrahl sind zwei Zahlen markiert. Die beiden Zahlen unterscheiden sich um 24 und sind von der Zahl 5 gleich weit entfernt. Welche Zahlen sind markiert?

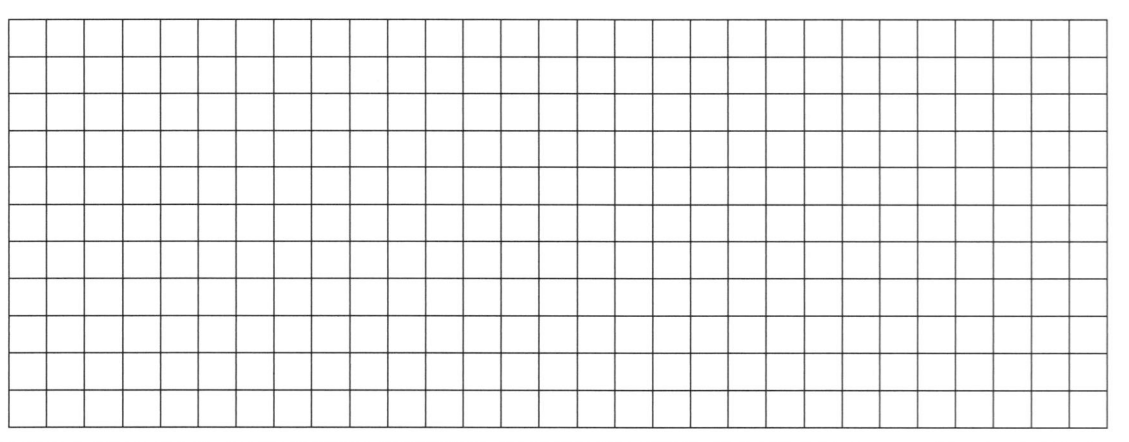

7) Berechne die Terme!

a) $8 \cdot 10^3 + 63 \;=\;$ _____

b) $4 \cdot 10^6 \;=\;$ _____

c) $3 \cdot 10^4 + 345 \;=\;$ _____

Leistungsnachweis – Rechenfertigkeit – Terme
Natürliche Zahlen, Terme, Wert / Betrag einer Zahl

Seite: 59

8) Zerlege in Primfaktoren | 5

a) 12 _____

b) 15 _____

c) 63 _____

d) 1729 _____

e) 1155 _____

9) Addiere zu der Summe aus der kleinsten zweistelligen und der größten zweistelligen ganzen Zahl den Quotienten aus 279 und 9. | 5

10) Gib an, wie sich der Wert einer Summe verändert, wenn ein Summand um 46 vergrößert und der andere Summand um 39 verkleinert wird. | 2

Viel Erfolg!

Von 36 Punkten hast du ____ Punkte erreicht.

Leistungsnachweis – Rechenfertigkeit – Terme
Natürliche Zahlen, Terme, Wert / Betrag einer Zahl

4.3 Schulaufgabe 2–3

1) Rechne den Term aus. Überlege dir, wie du am sinnvollsten vorgehst! | 4
$(187 - 431) + (305 - 87) + (-305 + 431) =$ | 3

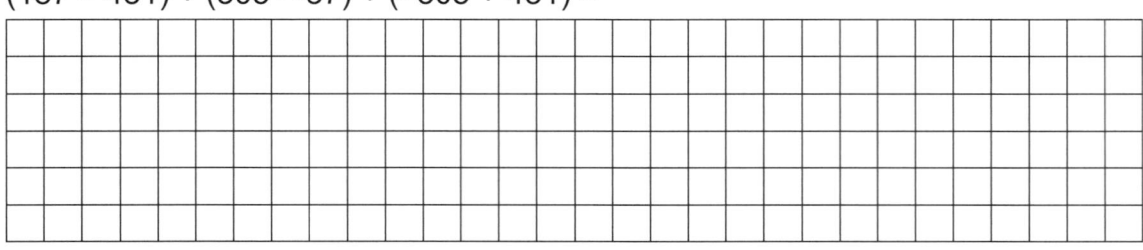

Welches Gesetz hast du hier (hoffentlich) angewandt? | 1
_____

2) Welche Zahl liegt auf einem Zahlenstrahl genau in der Mitte von –23 bis +5. Schreibe deinen Lösungsweg auf! | 2

3) Rechne den Term aus, indem du alle Rechenschritte aufschreibst! | 4
$-1 + 25 \cdot (14^2 - 172) =$

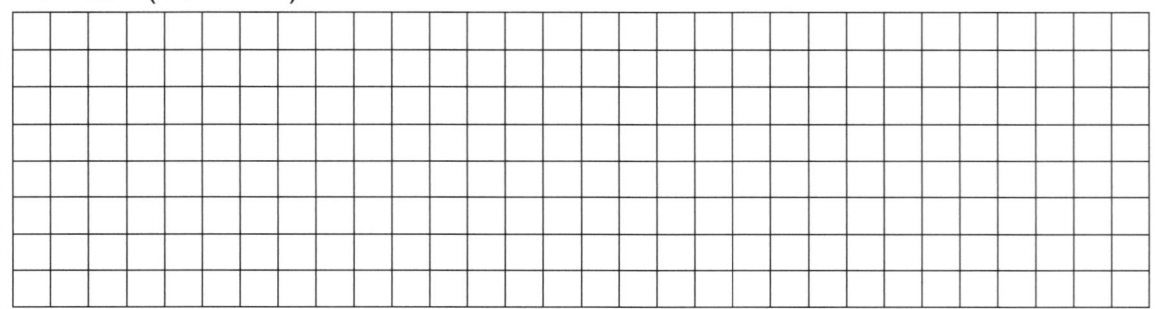

4) Bestimme die Beträge. | 6

a) $|-7,5|$ _____ c) $|+\frac{4}{5}|$ _____

b) $|-2\frac{1}{4}|$ _____ d) $|-0{,}34|$ _____

c) $|8|$ _____ e) $|-3480|$ _____

5) Gib die Lösungsmenge L der Gleichungen an. Schreibe auch den Rechenweg auf! | 6
Bsp.: $2 \cdot x + 5 = 33$ → $2 \cdot x = 33 - 5 = 28 \,|\, : 2;\quad x = 28 : 2 = 14;\quad L = \{14\}$

a) $x^2 = 5 \cdot x$ _____

b) $x + x^2 = 2 \cdot x$ _____

c) $4 \cdot (x - 2) = 4 \cdot x - 8$ _____

Leistungsnachweis – Rechenfertigkeit – Terme
Natürliche Zahlen, Terme, Wert / Betrag einer Zahl

6) Term:

a) Gliedere den angegebenen Term, indem du seine ‚Baum'–Struktur aufschreibst.   [2200 − (42 − 21)] + [((51 + 25 · 2) − 2)]

b) Rechne nun den Term aus!

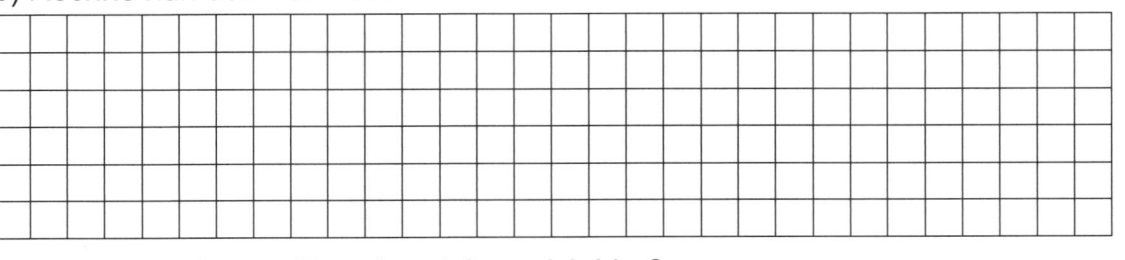

c) Um welche Art von Term handelt es sich hier?

7) Berechne den Wert des Terms, indem du das Distributivgesetz anwendest!

367 · 12 + 12 · 333 =

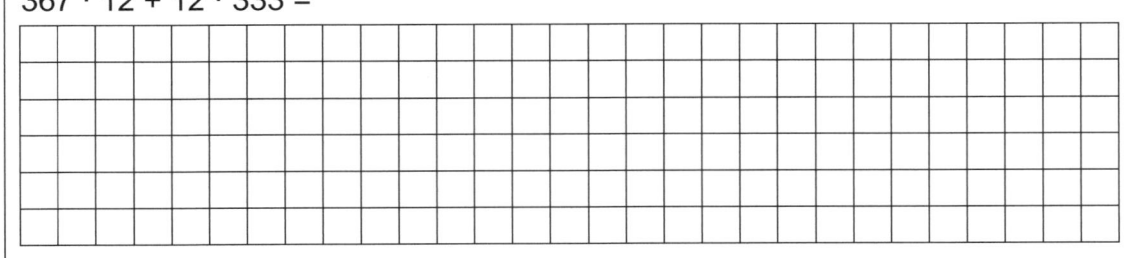

8) Erstelle einen Term

Marie geht für ihre Mutter einkaufen. Im Korb befinden sich:

eine Tafel Schokolade: 1,50 €	etwas Käse und Wurstwaren: 8,69 €
zehn Eier: 2,50 €	Brot: 3,80 €

An der Kasse stellt sie fest, dass sie nur 15 € dabei hat. Deshalb lässt sie die Schokolade dort. Stelle zunächst einen gesamten Term auf und errechne dann das Wechselgeld.

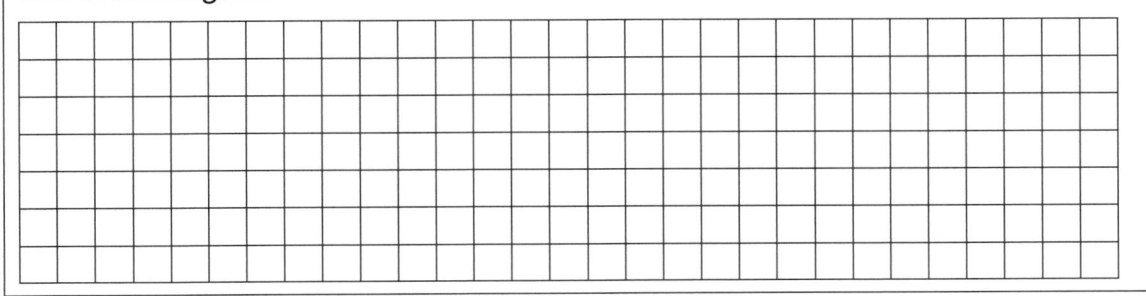

Viel Erfolg! Von 36 Punkten hast du _____ Punkte erreicht!

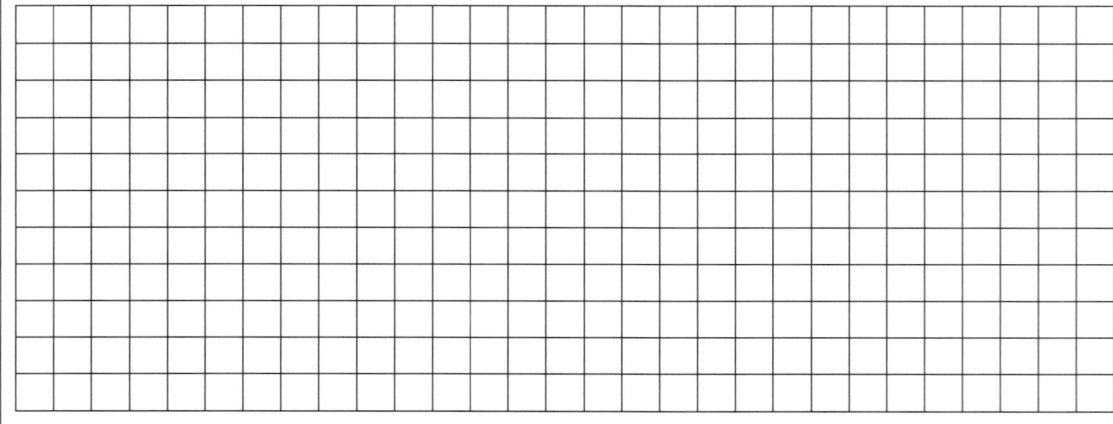

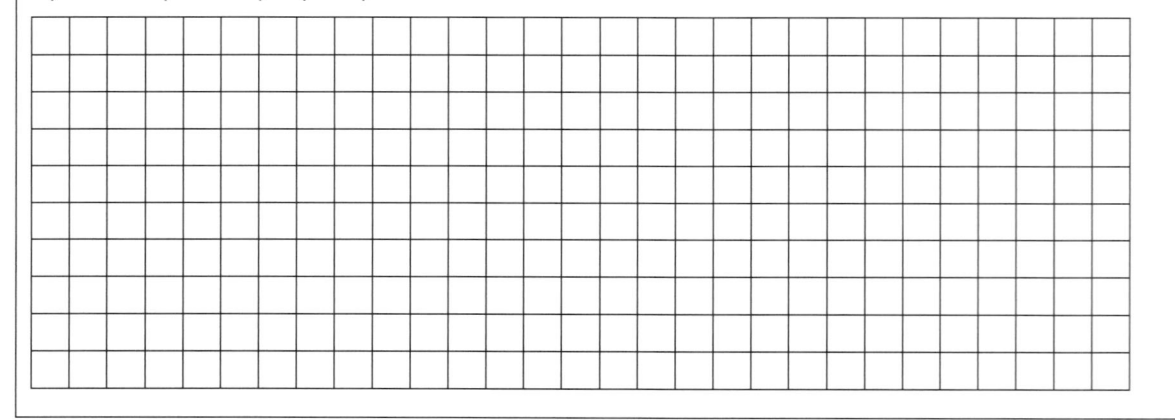

Leistungsnachweis – Rechenfertigkeit – Terme
Natürliche Zahlen, Terme, Wert / Betrag einer Zahl

4.4 Schulaufgabe 2–4 – Terme / Potenzen / Geometrie / Kombinatorik

1) Rechne aus!

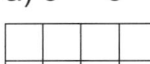

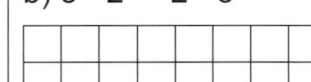

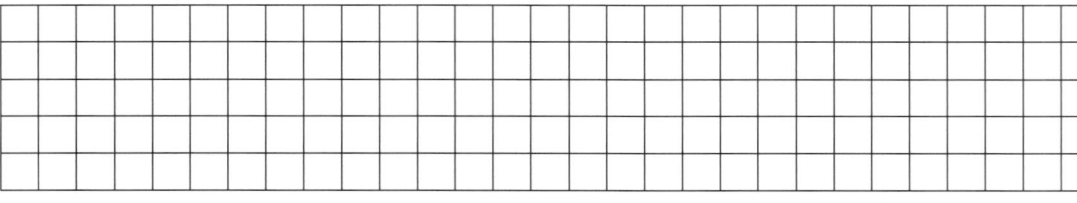

a) $5^3 - 3^2 =$

b) $3 \cdot 2^2 - 2 \cdot 3^2 =$

c) $220 - (-16 - 14) \cdot 12 =$

d) $(600 - 56 : 4 \cdot 2^2 \cdot 11 + 300 : 5) : 11 - 3^2 =$

e) $192 - (-7 - 3) \cdot (-14) =$

Leistungsnachweis – Rechenfertigkeit – Terme

Natürliche Zahlen, Terme, Wert / Betrag einer Zahl

Seite: 63

2) Timo Tim möchte gerne das Fahrradschloss seines blöden Bruders knacken und das Rad dann aus Rache in der Isar versenken. Leider hat es der ordentliche Bruder mit einem Zahlenschloss an den Zaun gekettet. Timo Tim möchte nun wissen wie viele Möglichkeiten er hat, wenn er vier Zahlen mit den Zahlen 1 – 4 zur Auswahl hat, denn so viel hatte ihm sein Bruder in besseren Zeiten schon verraten, er hat keine Zahl höher als 4 benutzt und auch keine doppelt.

a) Berechne wie viele Möglichkeiten es gibt!

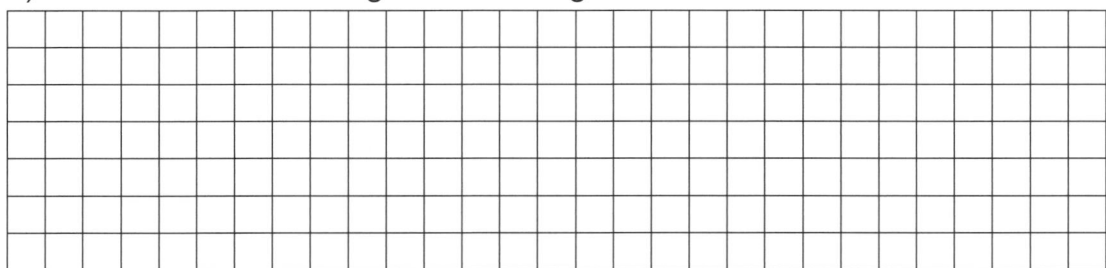

b) Zeichne ein **Baumdiagramm** für die Variante: Tim lädt zum Schlossknacken drei Freunde (A, B, C) ein. Sie kommen nacheinander an. In welchen Reihenfolgen können sie kommen!

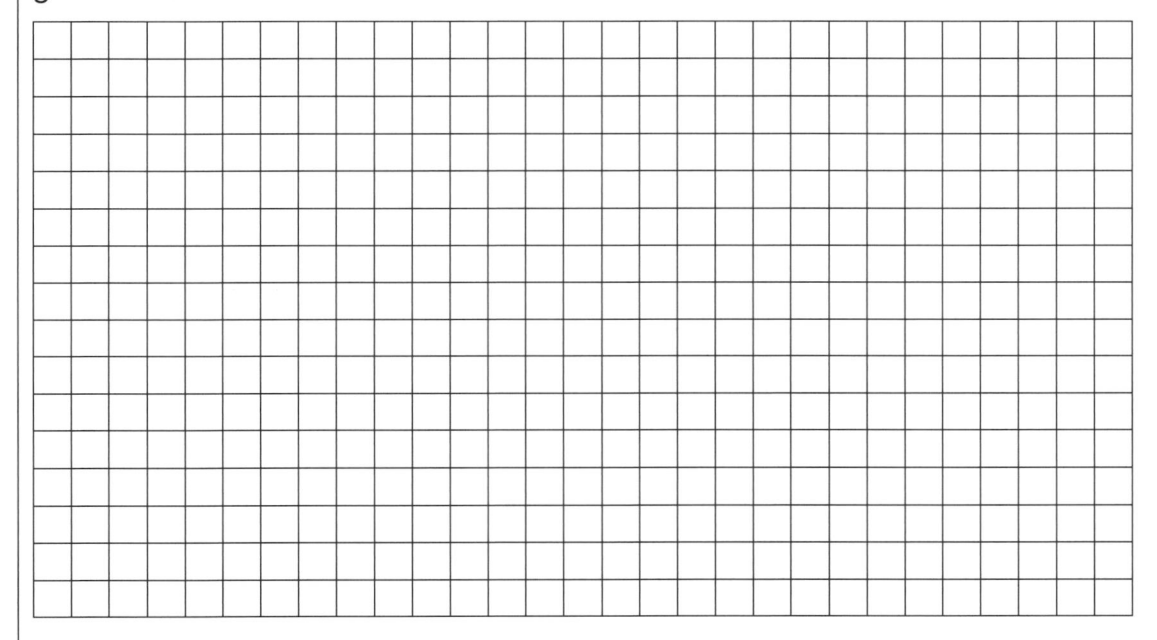

Leistungsnachweis – Rechenfertigkeit – Terme
Natürliche Zahlen, Terme, Wert / Betrag einer Zahl

Seite: 64

3) Wähle ein passendes Koordinatensystem!   10
Gegeben ist der Punkt:
- A = (−4, −4)
- B = _____
- C = _____

a) Zeichne den Punkt A ein und nehme ihn als einen Eckpunkt eines rechtwinkligen Dreiecks. Zeichne den <u>rechten Winkel</u> ein. Schreibe die Koordinaten deiner selbst gewählten Punkte des rechtwinkligen Dreiecks auf. Benenne die Seiten.   2

b) Von welcher anderen Winkelart können die anderen beiden Winkel sein?   2

_____

c) Gib die Größen der beiden anderen Winkel an und kennzeichne sie.   1

d) Zeichne den Punkt D = (0,0) ein sowie eine Gerade durch die Punkte A und D. Benenne die Gerade d.   2

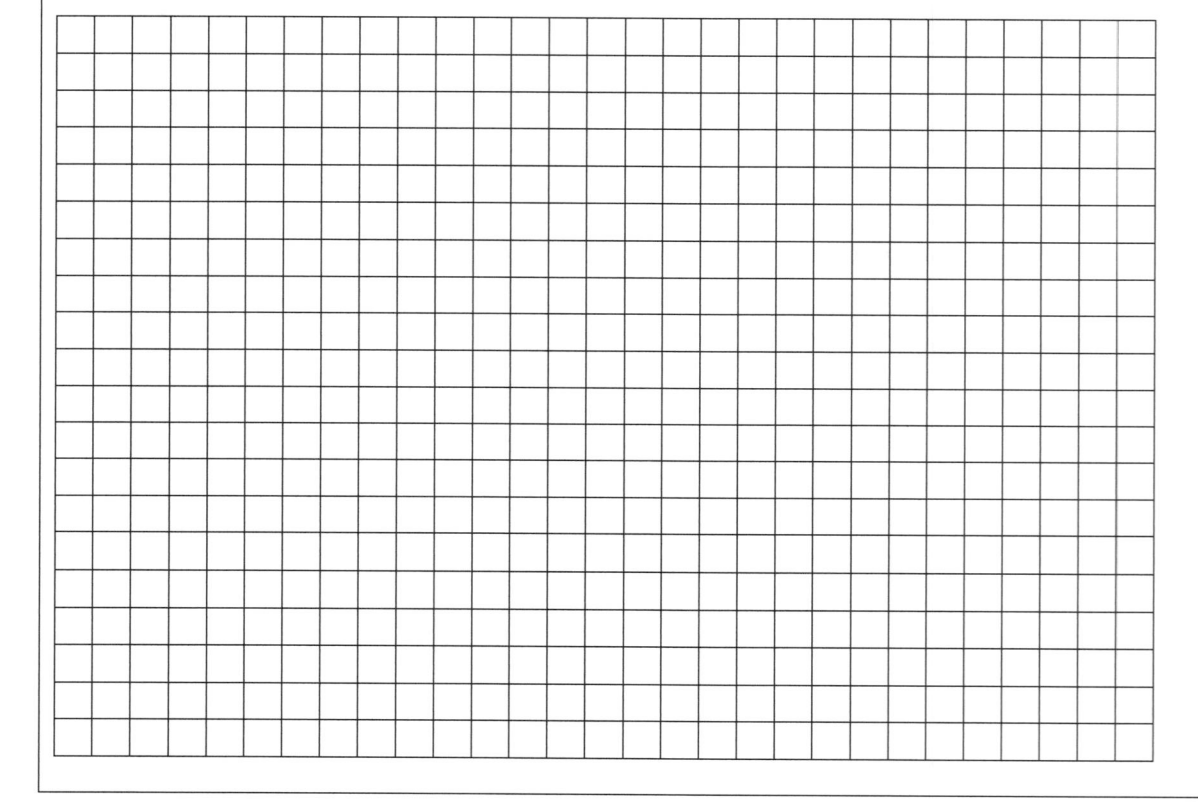

  3

Viel Erfolg!

Von 22 Punkten hast du ____ Punkte erreicht.

Leistungsnachweis – Einheiten und Geometrie   Seite: 65
Rechnen mit Einheiten / Spiegelung, Netze

5 Rechnen mit Einheiten und Geometrie

5.1 Kleiner Leistungsnachweis 6

1) Spiegele das Dreieck ABC an der eingezeichneten Achse. Benenne die Strecken und trage die gespiegelten Punkte ein.	6

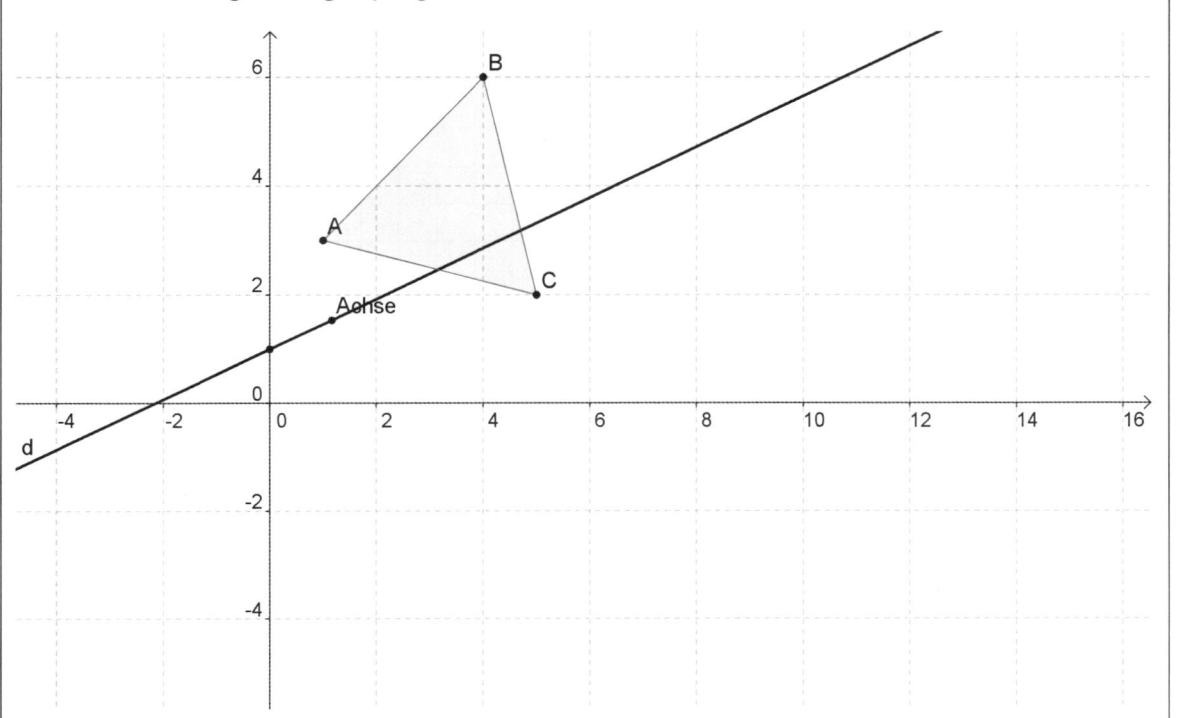

[Koordinatensystem mit Dreieck ABC und Spiegelachse d]

2) Zeichne auf die nächste Seite ein geeignetes Koordinatensystem und trage folgende Punkte ein:	9
• A = (2,2) • B = (5,2) • C = (5,0) • D = (2,0) • E = (3,3) • F = (6,3) • G = (6,1 • H = (3,1)	3
a) Welche Figur ergibt sich, wenn du die Punkte sinnvoll verbindest? _____	1
b) Zeichne die Strecke zwischen den Punkten **I = (0, –2)** und **J = (10, 2)** ein!	1
c) Spiegele dein Objekt an der eingezeichneten Strecke!	4

Leistungsnachweis – Einheiten und Geometrie
Rechnen mit Einheiten / Spiegelung, Netze

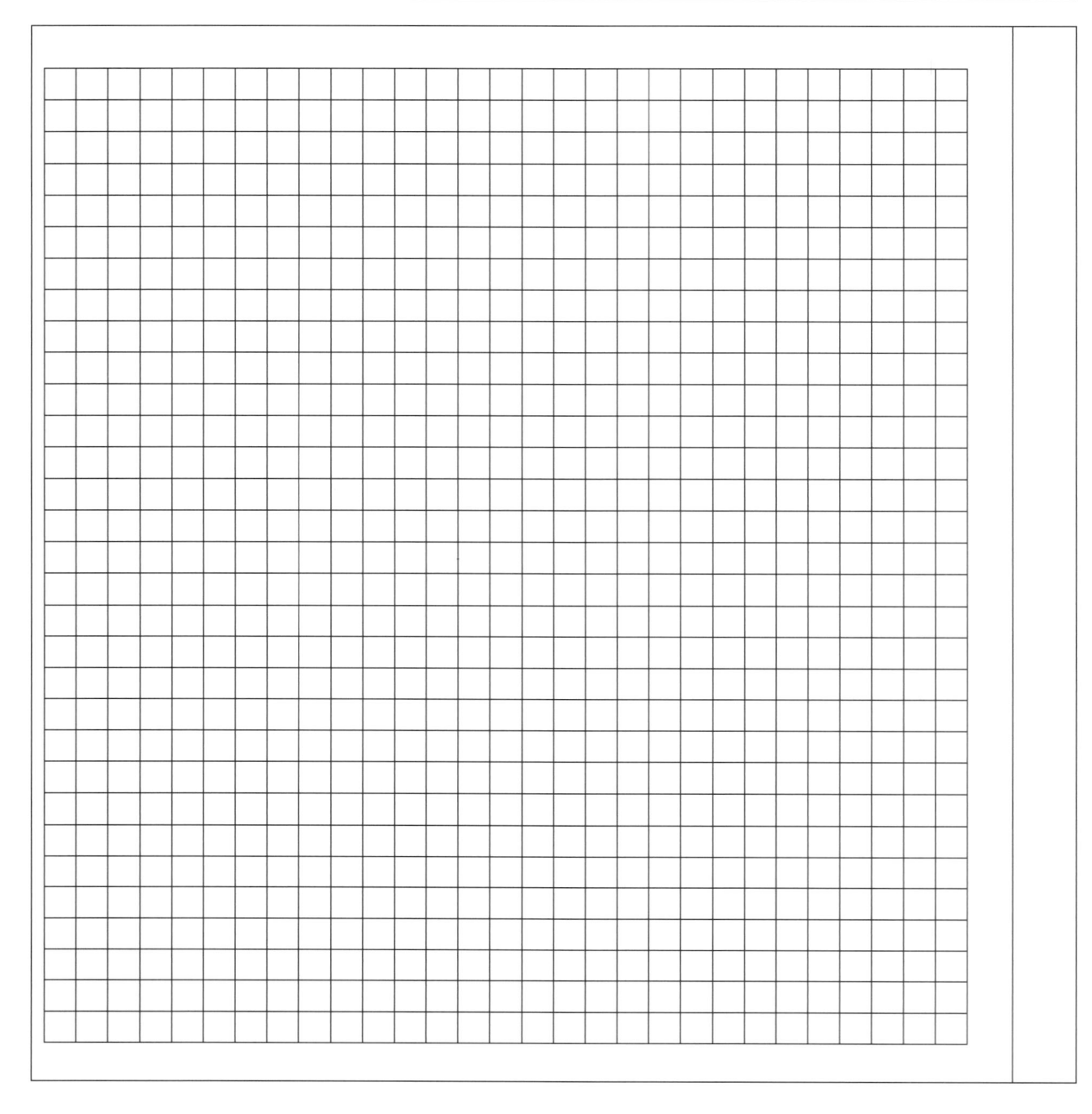

Seite: 66

Viel Glück!

Von 15 Punkten hast du _____ erreicht.

Leistungsnachweis – Einheiten und Geometrie   Seite: 67
Rechnen mit Einheiten / Spiegelung, Netze

5.2 Schulaufgabe 3–1 – Rechnen mit Einheiten

1) Sortiere der Größe nach! Beginne mit der kleinsten Einheit! 100 cl 26 dl ½ l 1 ½ hl 1,5 l ¾ l 750 l 1/3 l _____ _____	4
2) Setze den richtigen Operator ein: >, <, = ! a) 2500 cl _____ 2,5 dl b) 350 ml _____ ¾ l c) 0,33 l _____ ¼ l d) 0,8 l _____ 800 ml e) 50 l _____ 5000 ml f) 0,75 l _____ ¾ l	3

3) Wandle in die angegebenen Einheiten um!

3 m 40 cm	cm		634 l	hl
6 kg 29 g	g		18 ½ m	cm
82 hl 3l	l		83 cm	mm
7 t 74 kg	kg		52 kg	t

Punkte: 4

4) Rechne um in die angegebene Einheit:

83 mm = _____ cm
23 dm = _____ cm
1 t   = _____ g
½ t   = _____ kg
490 dm = _____ km

Punkte: 5

5) Was ist genauso schwer wie ½ l Wasser, kreuze an!
○ 500 g Wasser
○ ¼ l Wasser
○ 250 ml Wasser
○ 500 ml Wasser

Punkte: 2

6) Rechne in die angegebene Einheit um!

s	min		min	h
540 s			180 min	
660 s			330 min	
	8 min			2 ½ h
	5 min 32 s			9 h 45 min

Punkte: 8

Leistungsnachweis – Einheiten und Geometrie
Rechnen mit Einheiten / Spiegelung, Netze

Seite: 68

---

7) Rechne in die angegebene Einheit um! | 8

ml	l	l	hl
30 ml			1 hl
	¾ l	10000 l	
	10 l	50 l	
2500 ml			30,5 hl

---

8) Ergänze die Tabelle entsprechend dem Beispiel in Spalte 2! | 4

Beginn	06:30 Uhr	11:15 Uhr		07:45 Uhr	04:46 Uhr
Ende	10:43 Uhr		11:32 Uhr		23:37 Uhr
Dauer	4 h 13 min	2 h 8 min	2 h 27 min	13 h 26 min	

---

9) Ich habe folgende Kärtchen vor mir liegen und möchte damit sowohl die kleinste als auch die größte Zahl legen. Jede Zahl darf nur 1x verwendet werden! | 2

9	1	201	8	5

Kleinste Zahl: _____

Größte Zahl: _____

---

10) Berechne: (beachte mögliche Rechenvorteile!) | 6
  18 h 24 min : 60 − 214 s =

Viel Erfolg!

Von 46 Punkten hast du ____ Punkte erreicht.

Leistungsnachweis – Einheiten und Geometrie   Seite: 69
Rechnen mit Einheiten / Spiegelung, Netze

5.3 Schulaufgabe 3–2 – Geometrie und Textaufgaben

1) Pauls Eltern wollen ein Haus bauen. Sie haben ein Grundstück mit der Länge l = 30 m und der Breite b = 18 m. Die Abstandsgrenzen zu den Nachbarn von 3 m links und rechts müssen eingehalten werden, der Abstand zur Straße beträgt 6 m. Das Haus soll eine Tiefe/Länge von 12 m bekommen. | 6

a) Erstelle eine Zeichnung im Maßstab 1: 300. | 4

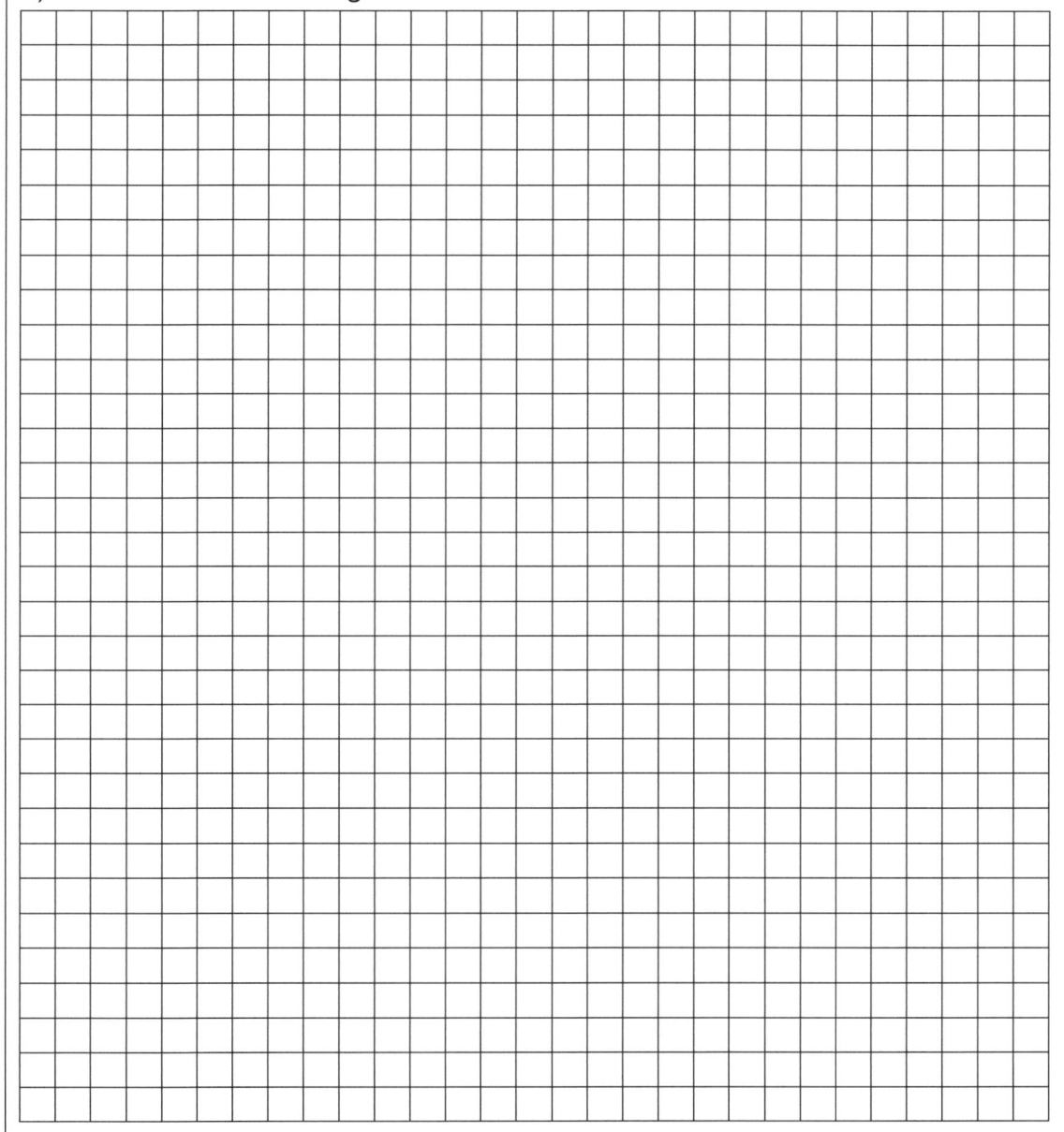

b) Der Grundstückspreis pro m² beträgt 850,00 €. Wie viel mussten Pauls Eltern für das Grundstück bezahlen? | 2

Leistungsnachweis – Einheiten und Geometrie Seite: 70
Rechnen mit Einheiten / Spiegelung, Netze

2) Zeichne folgende Punkte in ein geeignetes Koordinatensystem!
a)
- A (0, −2)
- B (4, −2)
- C (6, +2)
- D (2, +2)

b) **Verbinde** die Punkte! Welche Figur entsteht?

Es entsteht ein: _____

c) Benenne die **Strecken** der Figur!

d) Zeichne den Punkt **E** (3,0) ein und nehme ihn als Mittelpunkt eines Kreises mit dem Radius 2 cm. Der Kreis hat einen Schnittpunkt in der Strecke **BC**. Nenne ihn **F** und gebe seine Koordinaten an!

✎ _____

Leistungsnachweis – Einheiten und Geometrie Seite: 71
Rechnen mit Einheiten / Spiegelung, Netze

3) Berechne die Oberfläche eines Quaders mit folgenden Maßen: | 2

Länge: L = 1 cm 5 mm   **Breite**: b = 2 cm 5 mm   **Höhe**: h = 3 cm

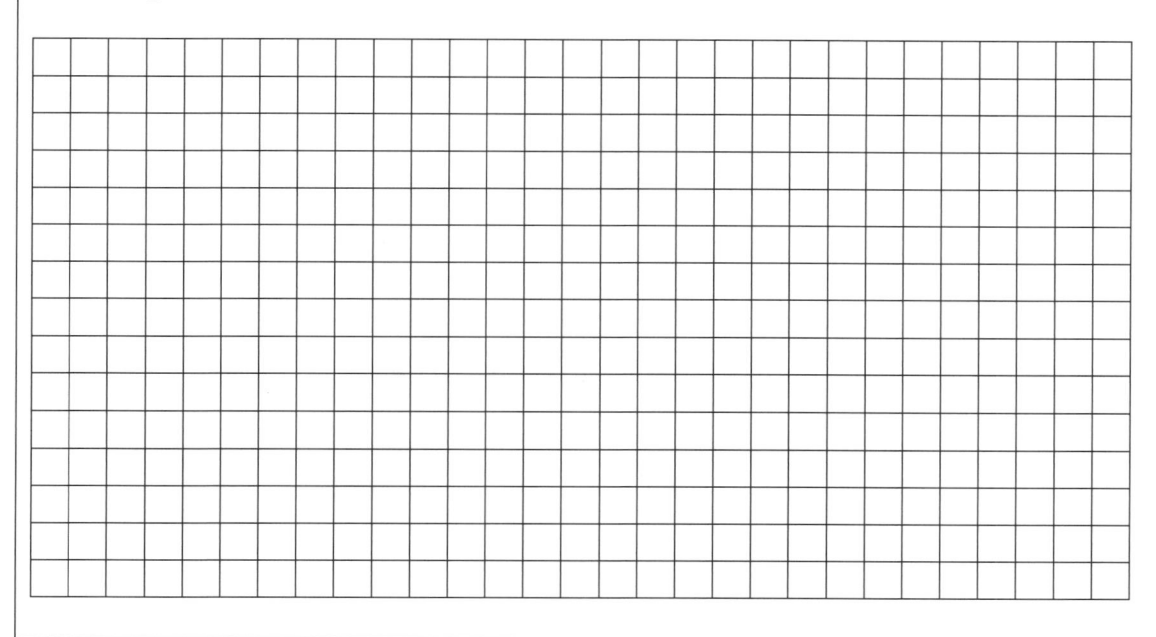

4) Wie lautet die Formel zur Ermittlung der Fläche eines Dreiecks? | 1

5) Berechne: | 4

7 m 3 dm − 5 m 4 dm : 4 =

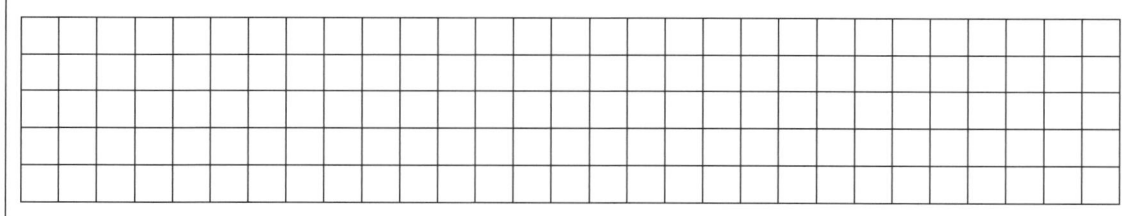

48 min : 18 s =

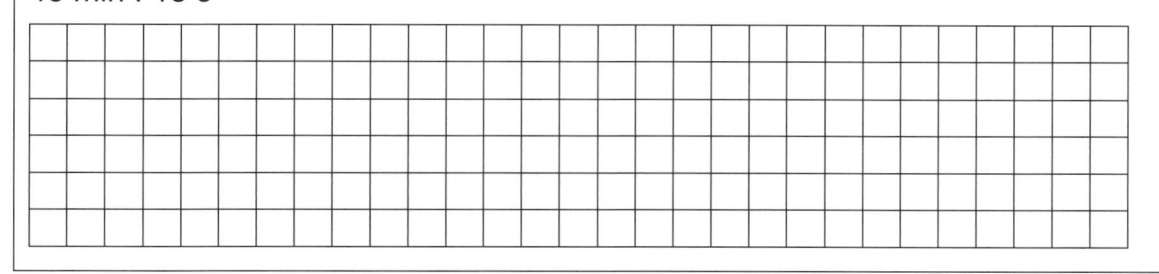

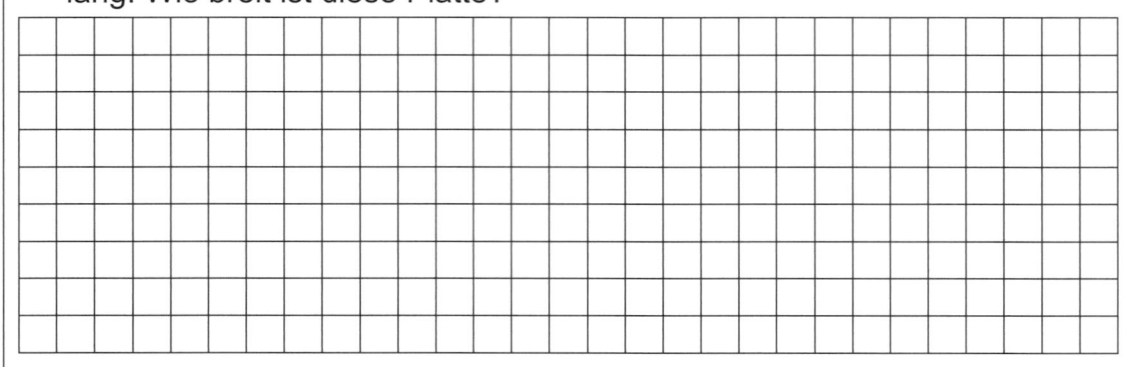

Leistungsnachweis – Einheiten und Geometrie
Rechnen mit Einheiten / Spiegelung, Netze
Seite: 72

6) Eine rechteckige Styropor–Platte hat eine Fläche von 2 m² und ist 80 cm lang. Wie breit ist diese Platte? — 2

7) Ein Rechteck ist 5 cm lang und 8 cm breit. Berechne den Umfang und den Flächeninhalt! — 2

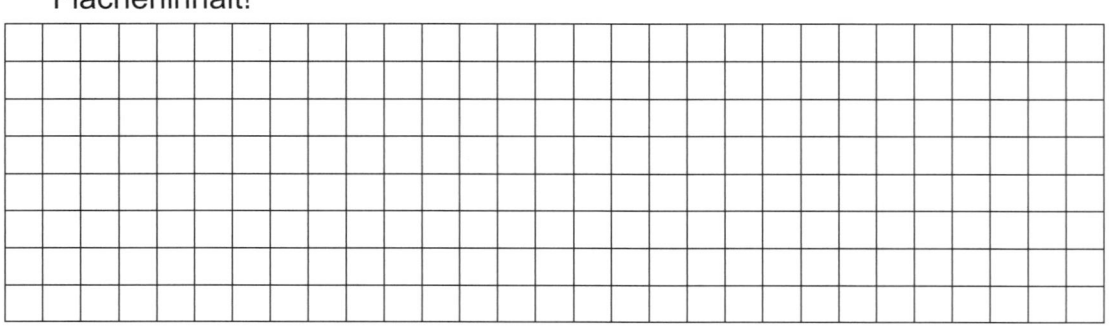

8) 20 Schokokugeln wiegen etwa 48 g. Berechne, wie viele Schokokugeln sich in einer 360-g-Packung in etwa befinden. — 2

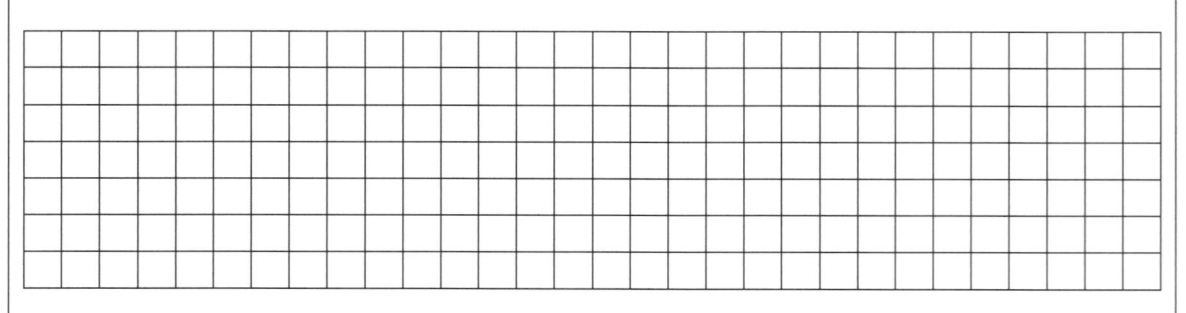

Antwort: _____

Viel Erfolg!

Von 29 Punkten hast du _____ Punkte erreicht.

Leistungsnachweis – Einheiten und Geometrie
Rechnen mit Einheiten / Spiegelung, Netze

Seite: 73

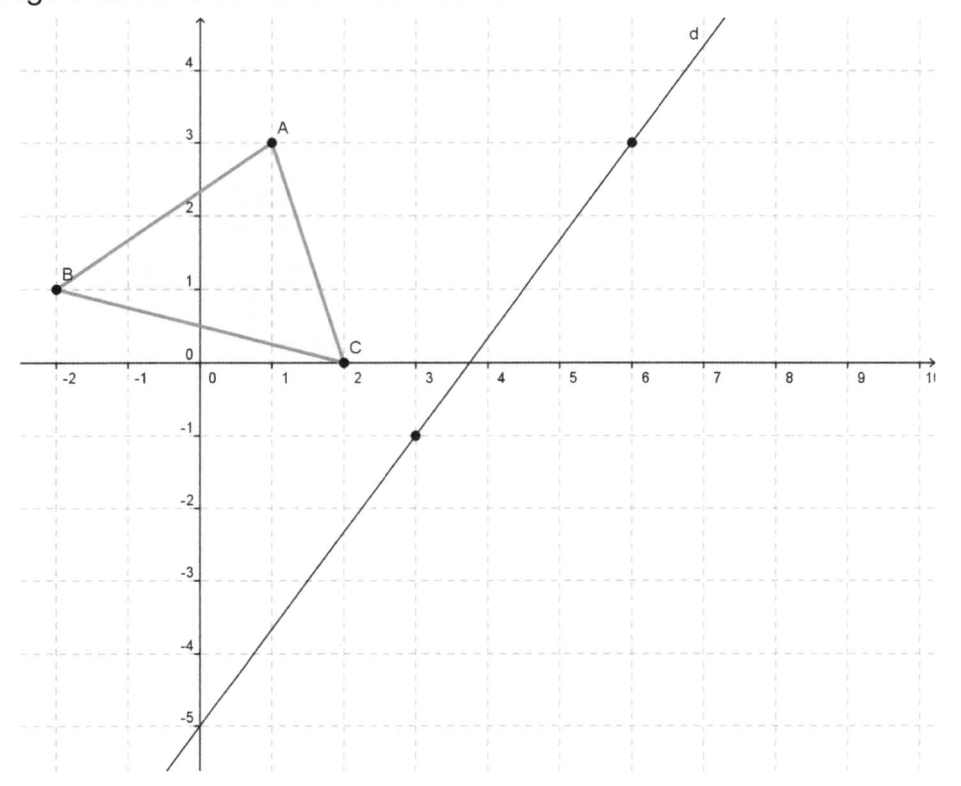

5.4 Schulaufgabe 3–3 – Geometrie

1) Spiegele das Dreieck an der Geraden d! — 3

2) Ein Rechteck hat die Seite a = 6 cm, die Seite b ist halb so lang wie a. Zeichne das Rechteck maßstabsgetreu und benutze ein Lineal oder ein Geodreieck! — 2

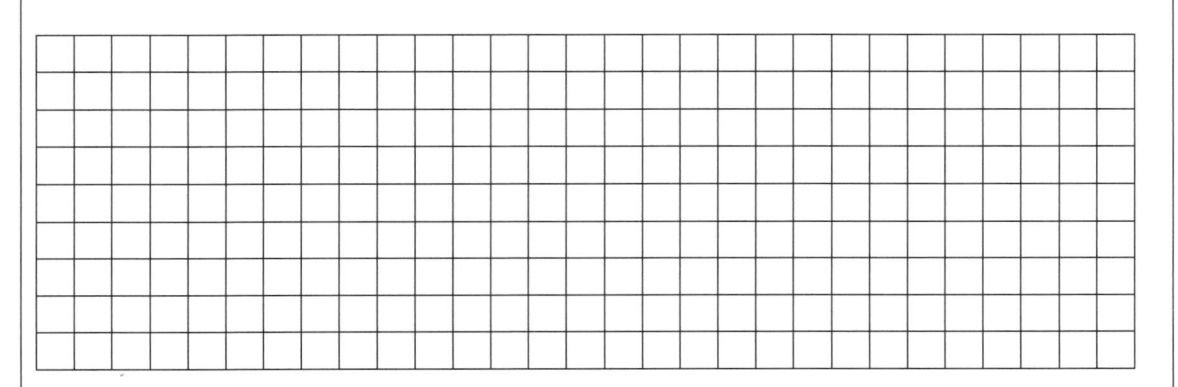

3) Nenne zwei Körper, die keine Ecken haben! — 2

1 _____   2 _____

© M. Mandl, M. Reichel München – Jede Vervielfältigung ohne schriftliche Zustimmung ist unzulässig.

Leistungsnachweis – Einheiten und Geometrie
Rechnen mit Einheiten / Spiegelung, Netze
Seite: 74

4) Familie Bauer möchte ein Haus bauen. Sie haben ein Grundstück mit der Länge l = 25 m und der Breite b = 15 m. Die Abstandsgrenzen zu den Nachbarn von 3 m links und rechts müssen eingehalten werden, der Abstand zur Straße beträgt 5 m. Das Haus soll eine Tiefe (Länge) von 10 bekommen.

a) Ermittle die Größe des Grundstücks.

b) Wie groß ist die Grundfläche des Hauses?

c) Wie viele Meter Maschendrahtzaun werden benötigt, um das ganze Grundstück einzuzäunen?

d) Wie viel kostet der gesamte Zaun, bei einem Preis von 8,50 € pro Meter?

5) Welche Körper kennst du, die weder Ecken noch Kanten haben!
_____

6) Wie lautet die Formel zur Flächenberechnung
a) eines Rechteckes? _____
b) eines Dreiecks? _____

Leistungsnachweis – Einheiten und Geometrie   Seite: 75
Rechnen mit Einheiten / Spiegelung, Netze

7) Zeichne: **4**

    a) Zeichne eine Gerade h, die parallele zu g ist.   1

    b) Zeichne eine Gerade k, die senkrecht zu g ist.   1

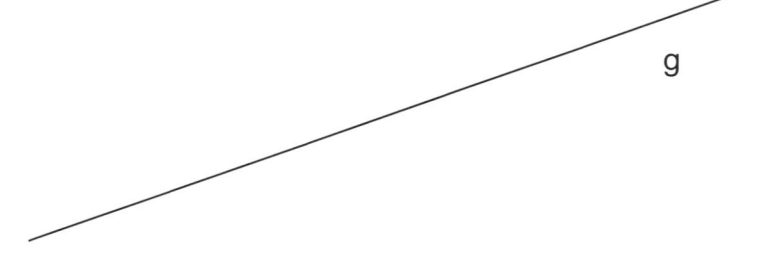

    c) Wie weit ist der Punkt P von der Geraden g entfernt? Zeichne den Abstand ein.   2

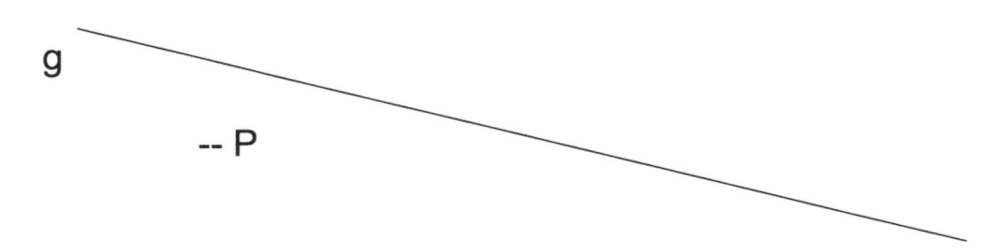

8) Zeichne mit Hilfe eines Zirkels einen Kreis mit dem Radius r = 3 cm und einen zweiten Kreis mit dem Durchmesser d = 5 cm!   2

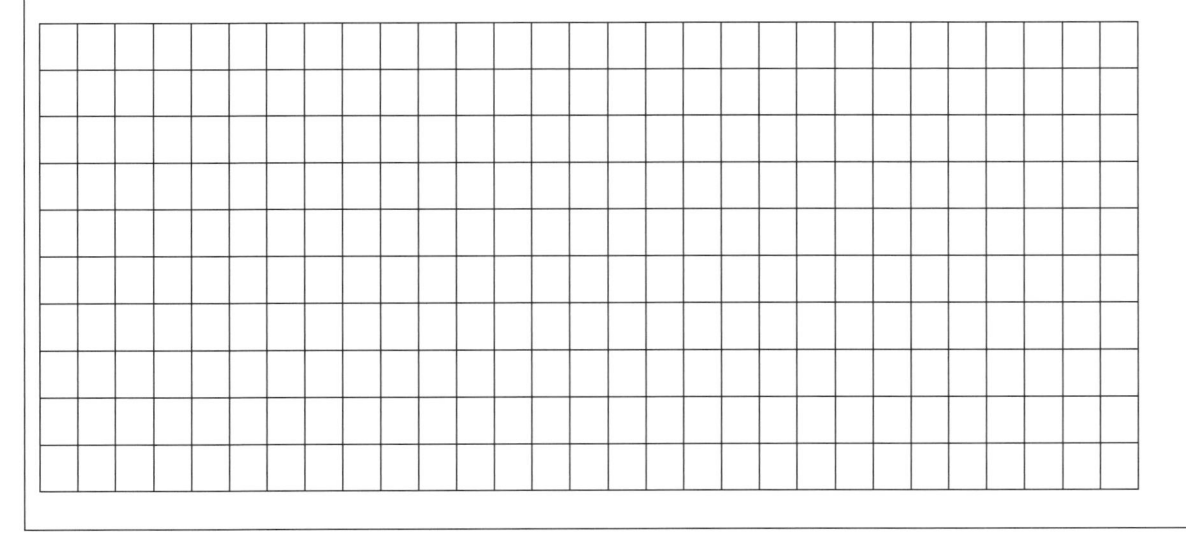

Viel Erfolg!
Von 24 Punkten hast du _____ Punkte erreicht.

Leistungsnachweis – Einheiten und Geometrie
Rechnen mit Einheiten / Spiegelung, Netze

Seite: 76

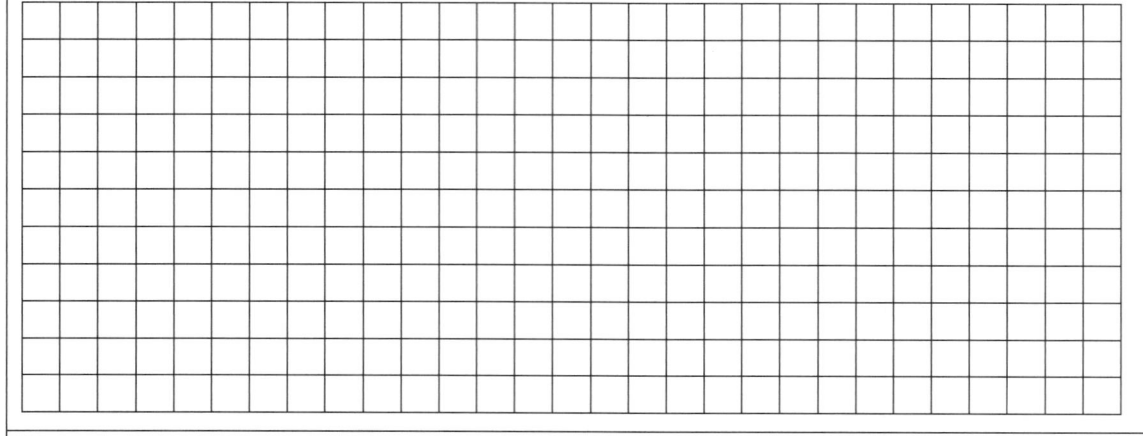

5.5 Schulaufgabe 3–4 – Geometrie

1) Zeichne ein mögliches Würfelnetz und ein Quadernetz! — 4

2) Gegeben ist der **Punkt** A (2,3). Die Strecke AB ist 2 cm lang, wobei du B frei wählen kannst. Kennzeichne alle Punkte in einer Farbe – außer rot – die — 4

a) mindestens 2 cm von B entfernt sind und

b) weniger als 3 cm von A entfernt sind.

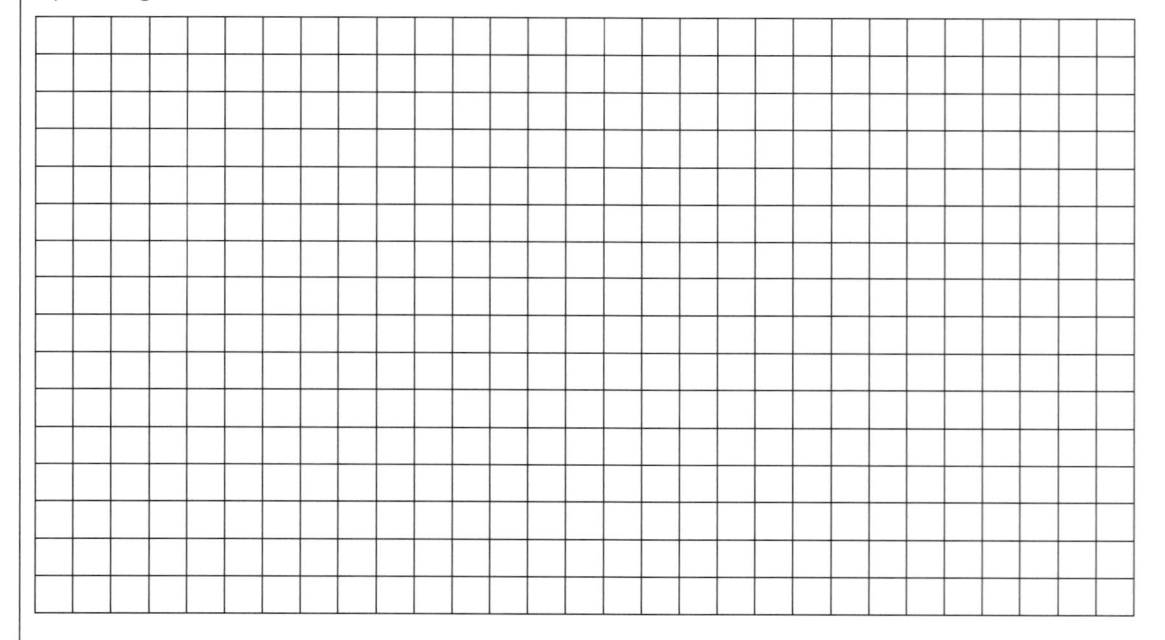

3) Berechne den Wert des Terms! — 5

a) 98 – (135 – 45)   = _____

b) (155 – 85) + 33   = _____

c) (934 – 497) – 34   = _____

d) 876 – (636 – 173)   = _____

e) 375 + (723 – 472)   = _____

© M. Mandl, M. Reichel München – Jede Vervielfältigung ohne schriftliche Zustimmung ist unzulässig.

Leistungsnachweis – Einheiten und Geometrie Seite: 77
Rechnen mit Einheiten / Spiegelung, Netze

4) Zeichne drei Geraden | 5
a) mit 0 Schnittpunkten   b) mit 1 Schnittpunkt   c) mit 2 Schnittpunkten

d) Ergänze die Zeichnung c) um eine weitere Gerade, sodass die maximal mögliche Anzahl an Schnittpunkten entsteht.

e) Versuche zu erklären, wie du eine vierte Gerade eintragen müsstest, um möglichst wenig Schnittpunkte zu erhalten. Du kannst auch eine Zeichnung machen.

5) In einem Koordinatensystem liegen folgende Punkte: | 8
- A = (–2,1)
- B = (2,1)
- C = (3,3)
- S = (1,3)
- D = (0,4)

a) Zeichne die Punkte in ein geeignetes Koordinatensystem ein! | 3
Zeichne die Strecken AS und BS ein und benenne sie.
Bestimme den Winkel α = ∢ ASB.

b) Zeichne in dasselbe Koordinatensystem den Punkt D = (0/4) ein. Zeichne die Strecken SD und SC ein. Bestimme den Winkel ß = ∢ CSD. | 3

c) Benenne die Art der beiden Winkel. Begründe! | 2
Verwende für diese Aufgabe ein eigenes Blatt!

Viel Erfolg!

Von 26 Punkten hast du _____ Punkte erreicht.

6 Natürliche Zahlen und ihre Darstellung

6.1 Schulaufgabe 4–1 – Zerlegung ganzer Zahlen / Terme / Kombinatorik

1) Rechne im Kopf!

$5 \cdot 8000$ = _____ $8 \cdot 7000$ = _____

$50 \cdot 50$ = _____ $840 : 7$ = _____

10^3 = _____ $66000 : 60$ = _____

15^2 = _____ $70 \cdot 70$ = _____

2) Multipliziere die Summe aus 15 und 45 mit der Differenz aus 648 und 348. Addiere zum Ergebnis das Doppelte von 11000. Dividiere das Ergebnis durch 80! Welche Zahl erhältst du? _____

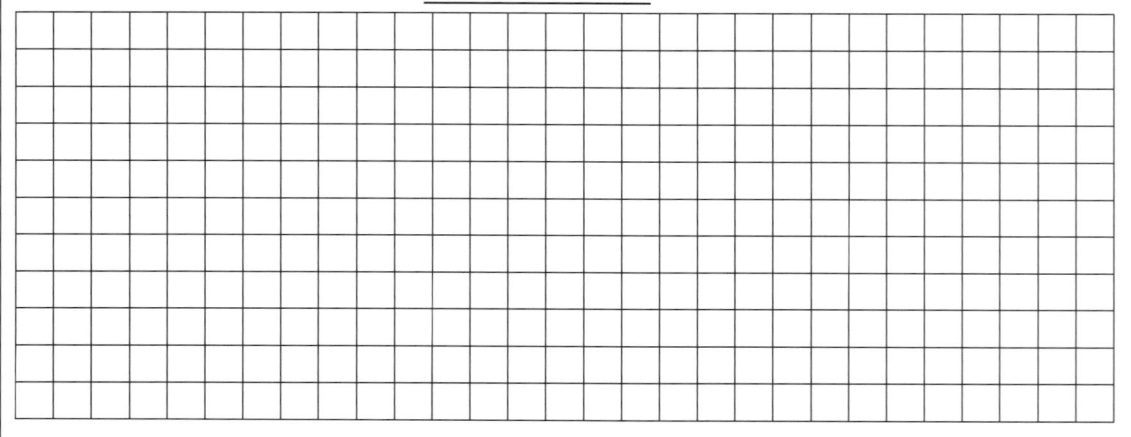

3) Wann ist eine Zahl durch 12 teilbar?

4) Dividiere die Summe von 121 und 23 mit der Gegenzahl von 12.

5) Wann entspricht das kgV zweier Zahlen dem Produkt dieser Zahlen? Lass dir ein Beispiel einfallen!

Natürliche Zahlen und ihre Darstellung

Primfaktorenzerlegung, ggT, kgV, Terme

6) Zerlege in Primfaktoren und stelle diese in Potenzschreibweise dar. — 6
 a) 3510 = _____
 b) 616 = _____
 c) 7128 = _____

7) Bestimme die folgenden Mengen: — 3
 a) T_{24} = _____
 b) T_{92} = _____
 c) T_{38} = _____

8) Gib die Lösungsmenge L folgender Ungleichungen an: — 3
 a) $5x + 42 > 65$ _____
 b) $200 - 4x > 100$ _____
 c) $1200 + 3x < 2400$ _____

9) Setze eine passende ganze Zahl, für die das Gleichheitszeichen zu Recht steht! — 3
 a) $12 \cdot$ _____ $= -72$
 b) $-13 \cdot$ _____ $= 65$
 c) $14 \cdot$ _____ $= -196$

10) Prüfe, ob die Zahlen gemeinsame Teiler außer 1 haben. — 6
 a) 15 und 25 _____
 b) 19 und 130 _____
 c) 121 und 33 _____
 d) 17 und 125 _____
 e) 225 und 15 _____
 f) 63 und 9 _____

11) Wie viele vierstellige Zahlen lassen sich aus den Ziffern 1 bis 9 bilden, — 6
 a) wenn jede Zahl nur einmal auftreten darf?

 b) wenn jede Zahl beliebig oft vorkommen darf?

Viel Erfolg! Von 45 Punkten hast du _____ Punkte erreicht.

Natürliche Zahlen und ihre Darstellung
Primfaktorenzerlegung, ggT, kgV, Terme

Seite: 80

6.2 Schulaufgabe 4–2 – Zerlegung ganzer Zahlen / Terme / Kombinatorik

1) Rechne im Kopf! [4]

a) $15 \cdot 15$ = _____

b) $33 \cdot 900$ = _____

c) $64000 : 8$ = _____

d) $196 : 14$ = _____

2) Stelle eine Regel auf, wie du prüfen kannst, ob eine Zahl durch 15 teilbar ist. Wende deine Regel auf die Zahl 38790 an. [4]

3) Primfaktorenzerlegung – Zerlege die gegebenen Zahlen! [5]

a) 453 = _____

b) 34251 = _____

c) 2310 = _____

d) 4301 = _____

e) 8602 = _____

4) Rechne den Term aus! [8]

$(5^3 + 2^3 - 3) : 65 \cdot 2 + 404 : 4 - (9^2 - 4^2) + (-3)^2 - 7^2 =$

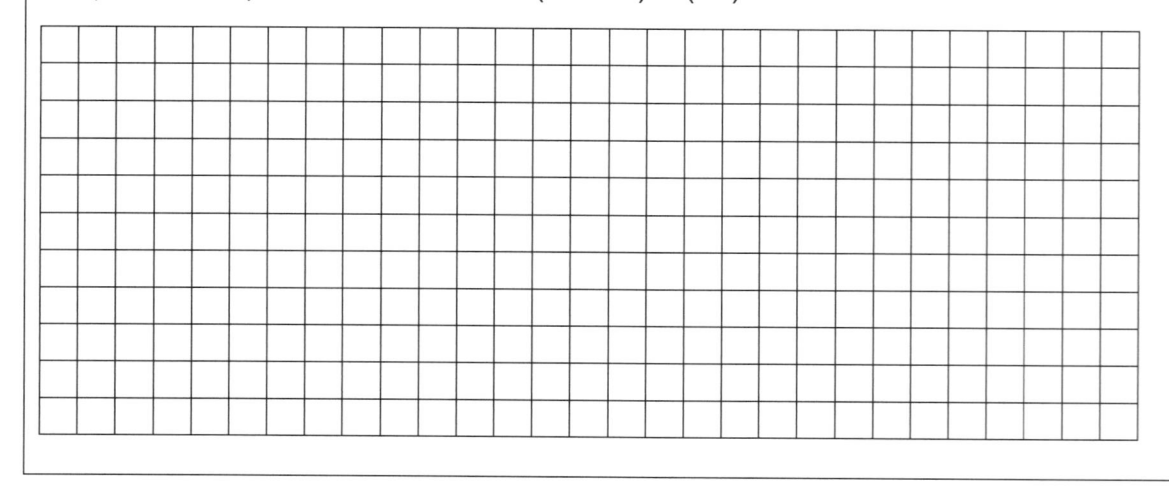

Natürliche Zahlen und ihre Darstellung
Primfaktorenzerlegung, ggT, kgV, Terme

Seite: 81

5) Das Dreifache meiner Zahl erhöht um 27 ergibt 78. Wie lautet die Zahl? Setze den Term auf und rechne!	3
6) Schreibe die ersten fünf Vielfachen auf und bestimme das kleinste gemeinsame Vielfache (kgV). a) 6 und 10 _____ b) 3 und 7 _____	6
7) Welche Zahlen sind durch 4 teilbar? a) 95, 4544, 3236 b) 123456, 675300 c) 126, 2812, 36954	3
8) Ersetze die fehlenden Ziffern so, dass die Zahlen durch 8 teilbar sind. a) 1__2__4 _____ b) 74__ _____ c) 321__ _____	4
9) Multipliziere die Summe von 25 und 4 mit der Gegenzahl von –7.	2
10) Eine zehnstellige Zahl besteht aus lauter verschiedenen Zahlen. Kann diese Zahl eine Primzahl sein? Begründe deine Aussage.	2
11) Wann ist eine sechsstellige Zahl durch 8 teilbar?	1

Viel Erfolg! Von 41 Punkten hast du _____ Punkte erreicht.

Natürliche Zahlen und ihre Darstellung

Primfaktorenzerlegung, ggT, kgV, Terme

Seite: 82

6.3 Schulaufgabe 4–3 – Zerlegung ganzer Zahlen / Terme / Primfaktoren

1) Rechne den Term aus!   **8**

$(475 - 4^3 \cdot 3^2) \cdot [-6804 : 12 + (-12) \cdot (77 - 17 \cdot 4)] =$

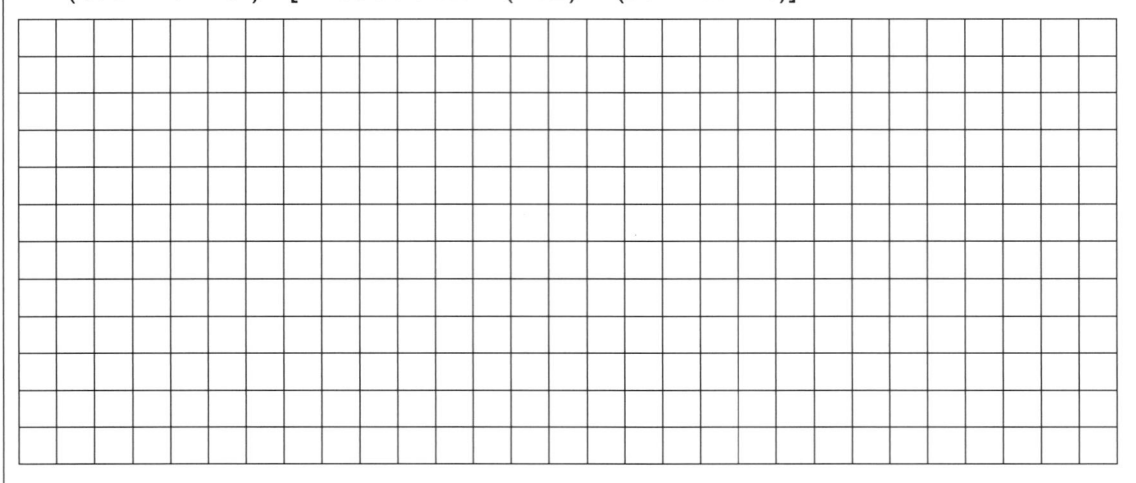

2) Primfaktorenzerlegung, verwende die Potenzschreibweise.   **4**

a)   568   =   _____

b)   6972   =   _____

c)   28945   =   _____

d)   2365   =   _____

3) Berechne: **4**

a)   48923 – 7892 – 35028   = _____

b)   458 · 892   = _____

c)   101822 : 49   = _____

d)   18 – (37 + 13) : 5   = _____

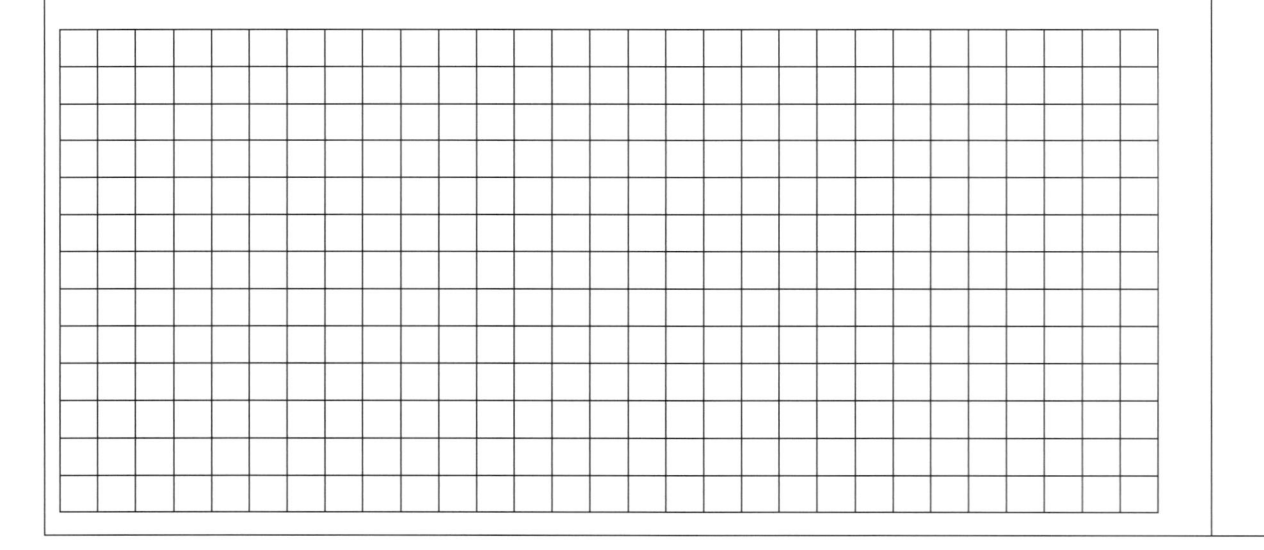

Natürliche Zahlen und ihre Darstellung
Primfaktorenzerlegung, ggT, kgV, Terme

Seite: 83

4) Bestimme die Teiler und das kgV von folgenden Zahlen: — 6

a) 15 und 20 _____

b) 30 und 40 _____

c) 10, 12 und 15 _____

5) Berechne: — 5

$[(107 - 2^3) : 11 - 11] \cdot (10)^2 =$

6) Schreibe in die Lücke die korrekte Zahl aus der Liste, damit die Aussage richtig ist. — 4

a) 100 : (_____ −12) = 100   12   13   11   -1   -12   100

b) 40 Milliarden kann man schreiben als → mache ein Kreuz unter alle richtigen Möglichkeiten.

$4000 \cdot 10^3$ $4 \cdot 10^7$ $40 \cdot 10^6$ $40 \cdot 10^8$ $10 \cdot 10^4$

☐   ☐   ☐   ☐   ☐

7) Wie würde eine Teilbarkeitsregel für die Zahl 54 lauten? — 2

_____
_____
_____
_____

Natürliche Zahlen und ihre Darstellung

Primfaktorenzerlegung, ggT, kgV, Terme

Seite: 84

8) **Unterwegs mit dem Flugzeug!**

Paul fliegt von Memmingen nach London. Er stellt fest, dass die Außentemperatur pro Höhenkilometer konstant abnimmt.

Flugzeugtyp:	Airbus 350
Flughöhe:	11600 m
Geschwindigkeit:	845 km/h
Außentemperatur:	-57 °C
Windgeschwindigkeit:	86 km/h

a) Memmingen befindet sich in etwa 600 m über dem Meeresspiegel. Beim Abflug lag die Außentemperatur bei 20 Grad Celsius. Gib an, wie stark die Temperatur pro Höhenkilometer abnimmt.

b) Während des Landeanflugs überlegt Paul, wie kalt es wohl bei einer Flughöhe von 5 km ist.

c) Tatsächlich hat es beim Landeanflug in 5 km Höhe -19 °C. Erläutere die Abweichung. Berechne die Temperatur, die bei der Landung in London herrscht.

Viel Erfolg! Von 41 Punkten hast du ____ Punkte erreicht.

Natürliche Zahlen und ihre Darstellung
Primfaktorenzerlegung, ggT, kgV, Terme

Seite: 85

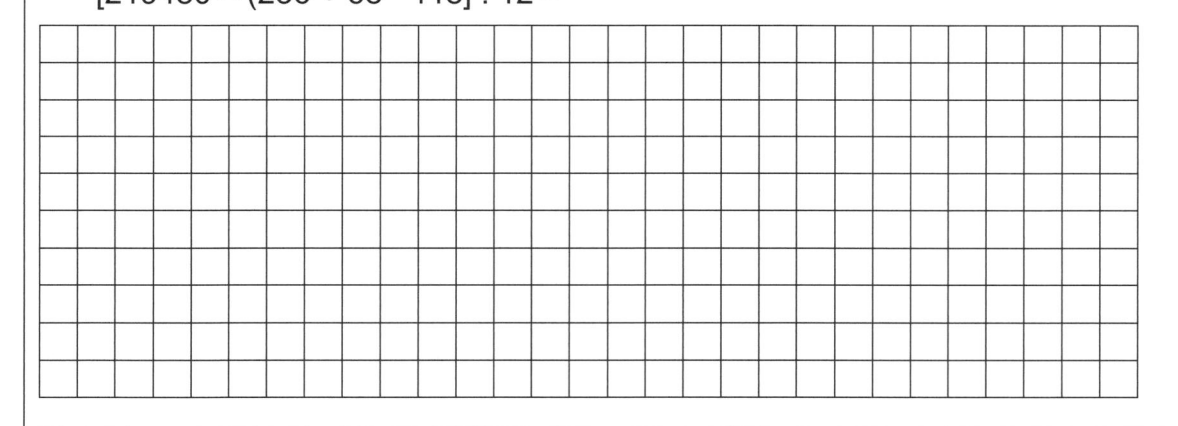

6.4 Schulaufgabe 4–4 – Terme / Kombinatorik / Rechnen mit Einheiten

1) Rechne den Term aus und achte auf mögliche Rechenvorteile!
   [219480 − (236 + 58 · 118] : 12 =

   5

2) Schreibe den zugehörigen Term mit allen notwendigen Klammern auf und berechne:

   10

   a) Multipliziere den Quotienten der Zahlen 1200 und 24 mit der Differenz der Zahlen 2046 und 2029 und addiere die Hälfte von 300.

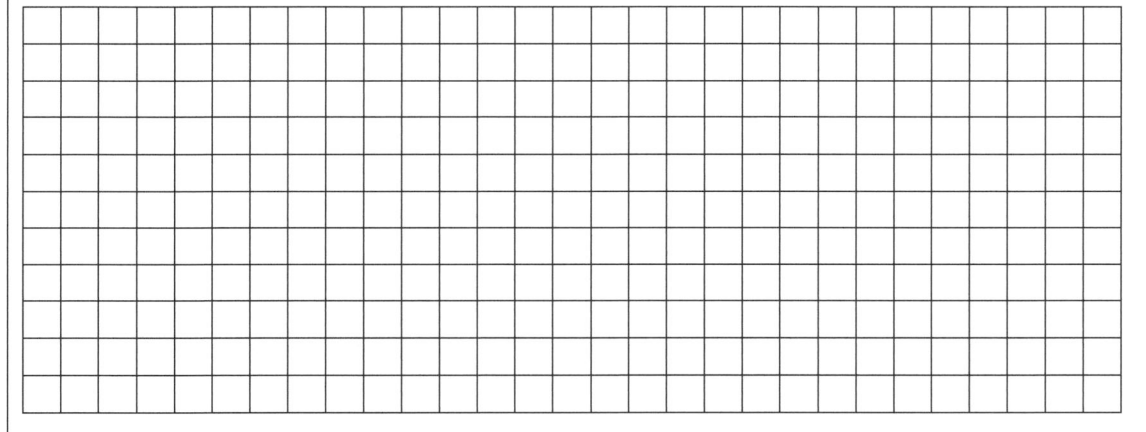

   b) Dividiere die achtfache Summe der Zahlen 37 und 65 durch die dreifache Differenz der Zahlen 73 und 65.

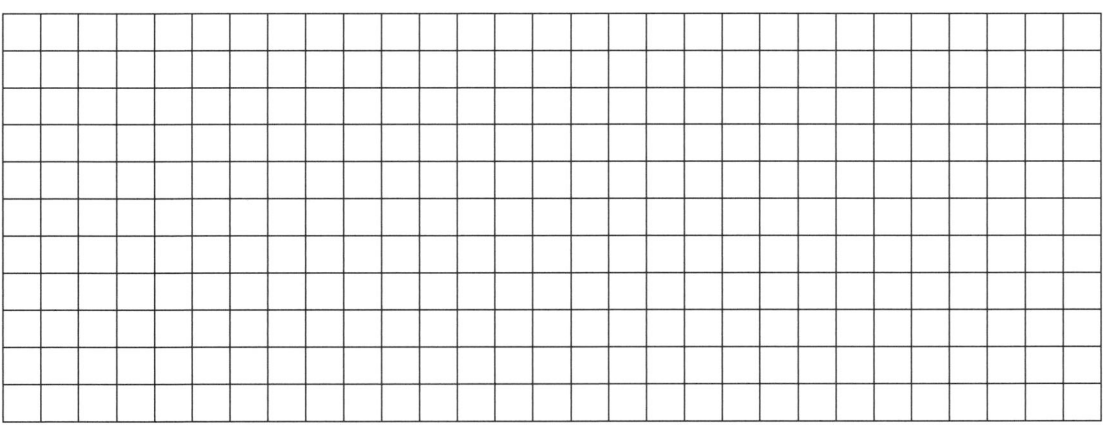

Natürliche Zahlen und ihre Darstellung
Primfaktorenzerlegung, ggT, kgV, Terme

Seite: 86

3) Kreuze an, welche Teiler die Zahl besitzt. Denke an die gelernten Teilbarkeitsregeln. — 6

	2	3	4	5	6	10	12	15
714								
1560								
9000								
65432								
123465								

4) Berechne, achte auf mögliche Rechenvorteile! — 5

$(-8)^3 - 2 \cdot [\, 1512 : 27 - 5 \cdot (-2)^2 \,] = $ _____

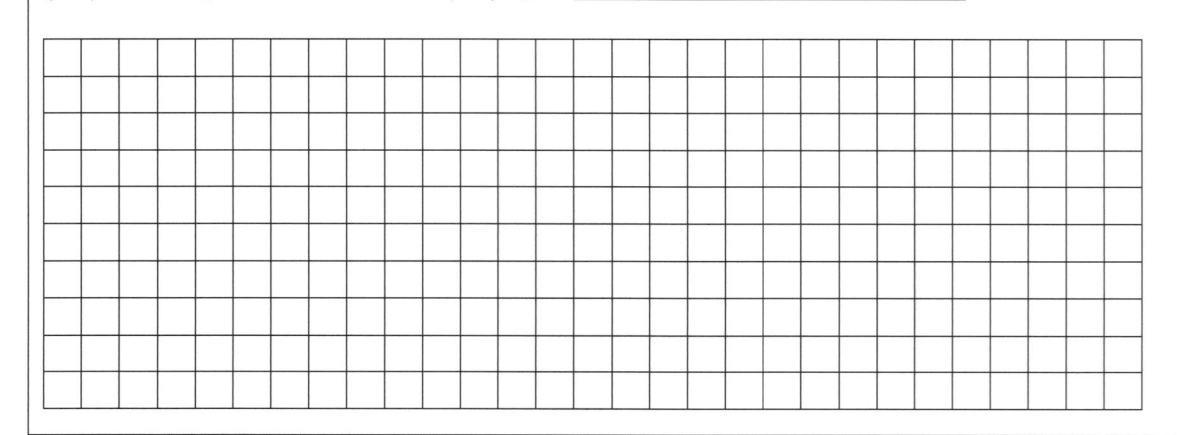

5) Auf einer Hühnerfarm werden heute 3884 Eier in Kartons zu 6 bzw. 10 Eiern verpackt. 230 Zehnerkartons sind bereits gefüllt, der Rest wird in Sechserkartons verpackt. Wie viele Sechserkartons müssen befüllt werden? — 3

_____

_____

Viel Erfolg!

Von 41 Punkten hast du ____ Punkte erreicht.

Knacknüsse
Wiederholung des gesamten Stoffes

Seite: 87

7 Knacknüsse – von allem ein bisschen

1) Primzahlen sind: ☐ Zahlen die nur einstellig sind. ☐ Zahlen die sich nur durch 1 teilen lassen. ☐ Zahlen die > 10 sind und sich nur durch 1 teilen lassen. ☐ positive ganze Zahlen, die > 1 sind und nur durch 1 und durch sich selbst teilbar sind. ☐ positive ganze Zahlen, die > 1 sind und nur durch sich selber teilbar sind.	1
2) **Eratosthenes von Kyrene** hat ein Prinzip herausgefunden, wie man Primzahlen erkennen kann. Ich behaupte 89 ist einer Primzahl. ☐ richtig ☐ falsch	1
3) Wie viele Teiler hat die Zahl 10? ☐ 1 ☐ 5 ☐ 4	1
4) Wie viele Teiler haben Primzahlen? ☐ beliebig ☐ einen ☐ zwei ☐ drei ☐ unbestimmbar	1
5) Ist die Zahl 143265870 durch 25 teilbar? Wenn nicht woran kann man das erkennen? ✎ _____	1
6) Wie lautet die Quersumme der Zahl: 123456789? ✎ _____	1
7) Wann ist eine Zahl durch 3 teilbar? Erkläre und nenne ein Beispiel mit einer dreistelligen Zahl! _____	2

Knacknüsse
Wiederholung des gesamten Stoffes

Seite: 88

8) Welche Zahl kannst du in die Leerstelle einfügen, sodass diese Zahl durch 5 teilbar ist: 125__7

☐ = 3
☐ = 8
☐ = 5
☐ = keine
☐ = 0

| 1 |

9) Wann ist eine Zahl durch 5 teilbar?

_____

| 1 |

10) Asterix wurde von dem Autor René Goscinny und dem Zeichner Albert Uderzo erschaffen und sogar ins Lateinische und Altgriechische übersetzt. Der erste Band erschien 1968 und hieß Asterix der Gallier.

Schreibe 1968 in römischen Ziffern:

_____

| 1 |

11) Wie ist die römische Schreibweise von 44?

_____

| 1 |

12) Was bedeutet MCM?

☐ 1900
☐ 2000
☐ 2010
☐ 1910

| 1 |

13) Was bedeutet folgende römische Zahl?

L = _____

| 1 |

14) Schreibe 1870 als römische Zahl auf:

_____

| 1 |

| Knacknüsse | Seite: 89 |
| Wiederholung des gesamten Stoffes | |

15) Sieben–Fünf–Drei schlüpfte Rom aus dem Ei. Wie lautet das Gründungs–datum, an welchem Romulus Rom ausrief, in römischen Ziffern? 753 = _____	1
16) Was bedeutet die römische Zahl XLVI? ☐ gibt es gar nicht ☐ 66, denn 10+50+6= 66 ☐ 96 ☐ 46, denn 50 + 6 – 10 = 46 ☐ 34, denn 50 – 6 – 10 = 34	1
17) Schreibe 2010 als römische Zahl: _____	1
18) Noch die letzte römische Zahl: „3–3–3 bei Issos Keilerei" war das erste Mal, dass Alexander der Große auf eine Schlacht mit den Persern traf. In römischen Ziffern schreibt man diese Zahl: _____	1
19) Du hast vier verschiedenfarbige Kugeln. Wie viele Möglichkeiten zur An-ordnung der Kugeln gibt es?	2

Knacknüsse
Wiederholung des gesamten Stoffes

Seite: 90

20) Spiegele das Dreieck an der Geraden d! — 2

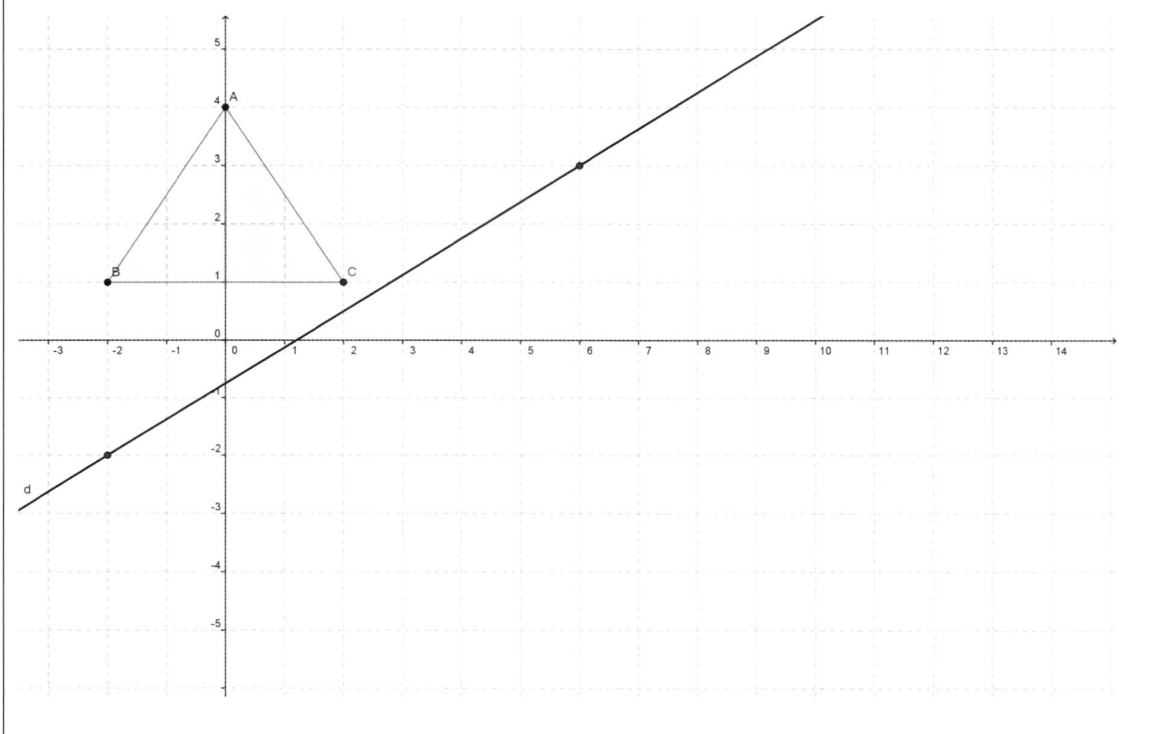

21) Verbinde die Punkte und benenne die Strecken. Welche Figur entsteht? Spiegele sie an der Geraden a! — 3

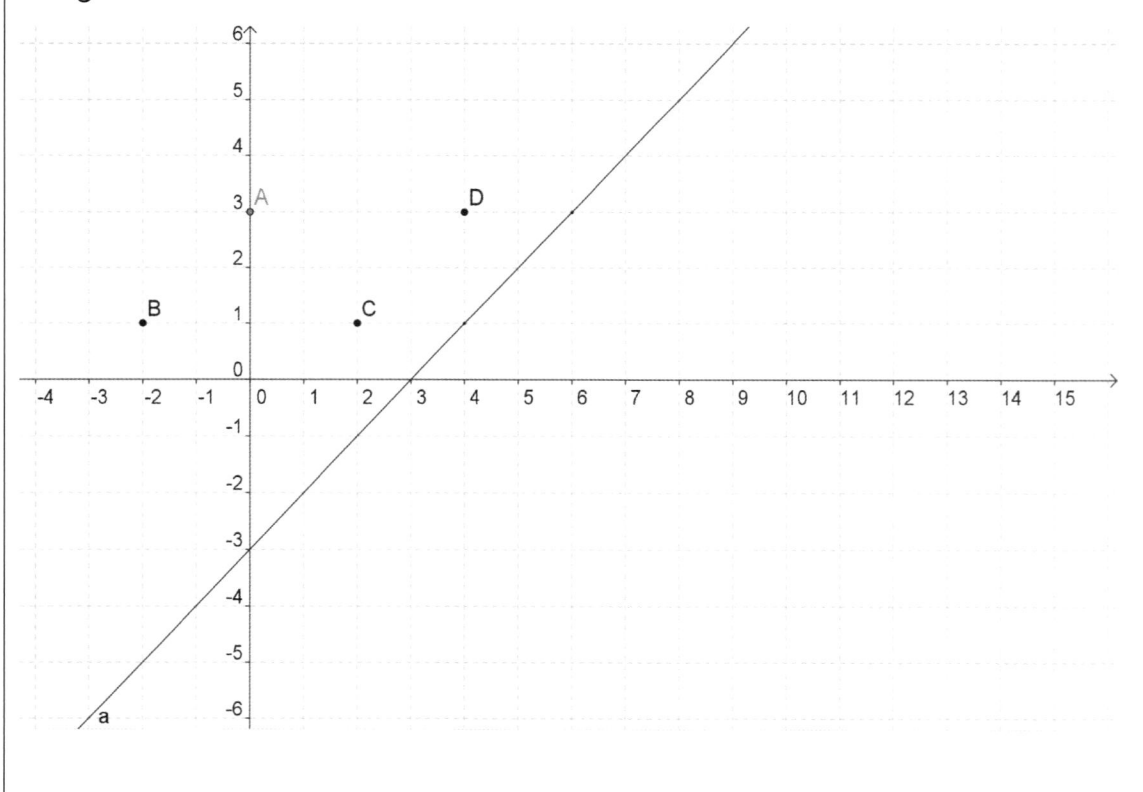

Knacknüsse
Wiederholung des gesamten Stoffes

Seite: 91

22) Welche der vier Rechnungen hat das höchste Ergebnis?

☐ (A) = 2 + 0 + 4 + 0

☐ (B) = 2 · 0 · 4 · 0

☐ (C) = (2 + 0) · (4 + 0)

☐ (D) = 20 · 0 · 4

23) Linus malt Störche an:

Der erste Storch wird rot, der zweite gelb, der dritte weiß, der vierte rosa angemalt. Dann geht es wieder von vorne los. Wie malt er den 22. Storch an?

_____

24) Leonie und Pauline waren gemeinsam auf Klassenfahrt. Sie kleben Ihre Fotos ein und bemalen ihr Fotoalbum. Gemeinsam haben sie 108 Bilder. Leonie hat aber 18 mehr gemacht. Pauline will wissen wie viele Fotos sie hat. Welche Rechnung ist richtig?

☐ 108 : 2 − 18   ☐ (108 − 18) : 2   ☐ 108 : 2 − 18

☐ 108 − 18 : 2   ☐ 108 − (18 : 2)   ☐ 108 + 18 : 2

Knacknüsse
Wiederholung des gesamten Stoffes

Seite: 92

25) Wie viele Dreiecke kannst du in diesem Bild finden, deren Flächen ebenso groß sind, wie die Fläche des dick gekennzeichneten Vierecks im Bild unten links? | 4

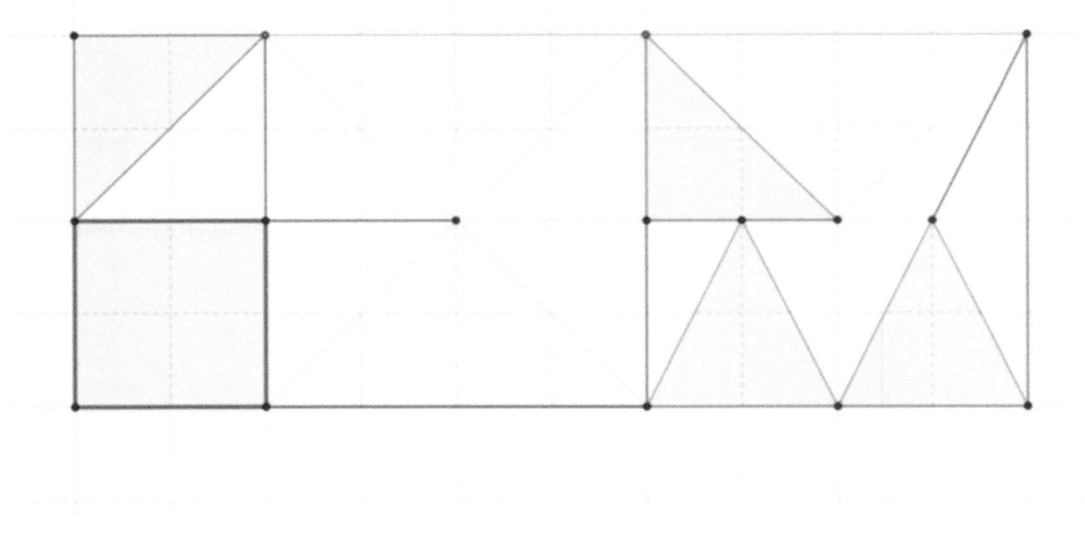

✏️ _____

26) Berechne: (achte auf mögliche Rechenvorteile!) | 4

2 ha 20 ar : 100 − 550 m =

Knacknüsse
Wiederholung des gesamten Stoffes

Seite: 93

27) Wie oft passt das Viereck A1 (rechts im Eck) in das große „Viereck"? | 4

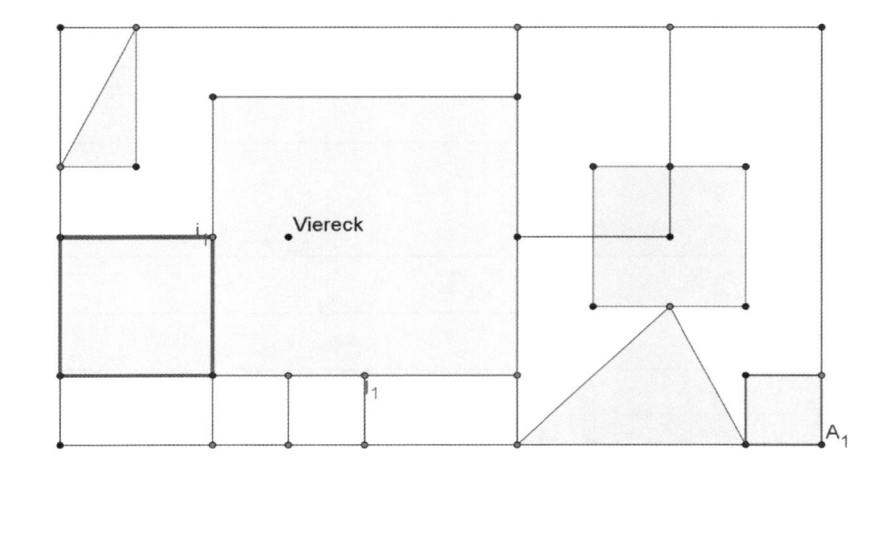

28) Familie Bauer möchte ihre neue Terrasse verlegen. Hierzu werden die Platten von einem LKW mit einer Gewichtszulassung von 7,8 t transportiert. Es werden 90 Paletten mit jeweils 20 Platten geliefert. Eine Platte wiegt 18 kg. | 4

Welches Gewicht hat eine Packung und wie oft muss der LKW fahren?

Knacknüsse
Wiederholung des gesamten Stoffes

Seite: 94

29) Wie heißen folgende Zahlen. Schreibe sie aus!   2
   a) 130092106432: _____
   _____
   _____

   b)   97002123442337: _____
   _____
   _____

30) Julius und Linus addieren gerne die Zahlen auf ihrer Digitaluhr: 2

   z. B.: 01:13 = 0 + 1 + 1 + 3 = 5

   Julius sucht die größte mögliche Summe und Linus die kleinste mögliche Summe

a) Julius:
   ☐ = 19
   ☐ = 23
   ☐ = 24
   ☐ = 36

b) Linus:
   ☐ = 1
   ☐ = 2
   ☐ = 0
   ☐ = 3

Viel Erfolg!

Von 52 Punkten hast du _____ erreicht.

8 Übungen zum Einmaleins
8.1 Übungen 1 (Multiplikation)

12 · 4 =	14 · 8 =	15 · 9 =
5 · 14 =	12 · 9 =	14 · 8 =
3 · 15 =	4 · 17 =	13 · 7 =
17 · 8 =	7 · 16 =	2 · 60 =
9 · 30 =	15 · 15 =	9 · 800 =
2 · 90 =	12 · 12 =	8 · 900 =
18 · 2 =	13 · 13 =	17 · 17 =
17 · 7 =	50 · 2 =	60 · 80 =
6 · 15 =	55 · 1 =	40 · 90 =
5 · 11 =	18 · 0 =	50 · 5 =
40 · 0 =	14 · 9 =	30 · 40 =
13 · 5 =	3 · 80 =	50 · 30 =
14 · 9 =	15 · 7 =	8 · 200 =
15 · 3 =	70 · 6 =	60 · 90 =
6 · 18 =	6 · 15 =	70 · 80 =
7 · 14 =	14 · 7 =	19 · 19 =
8 · 16 =	9 · 30 =	20 · 17 =
9 · 15 =	7 · 20 =	30 · 60 =
10 · 70 =	80 · 6 =	4 · 99 =
50 · 90 =	6 · 12 =	5 · 50 =
2 · 14 =	14 · 14 =	6 · 99 =
11 · 2 =	5 · 13 =	7 · 14 =
3 · 19 =	3 · 15 =	8 · 18 =
5 · 17 =	12 · 8 =	9 · 17 =
4 · 15 =	14 · 9 =	1 · 19 =
6 · 14 =	7 · 7 =	18 · 8 =
7 · 13 =	13 · 6 =	7 · 19 =
5 · 12 =	7 · 15 =	16 · 7 =
22 · 0 =	4 · 14 =	14 · 8 =

Übungen zum Einmaleins

8.2 Übungen 2 (Multiplikation und Division)

128 : 4 = _____	64 : 8 = _____	54 : 9 = _____
520 : 4 = _____	360 : 9 = _____	24 : 8 = _____
350 : 5 = _____	121 : 11 = _____	169 : 13 = _____
70 · 8 = _____	225 : 15 = _____	12 · 16 = _____
90 · 3 = _____	15 · 5 = _____	960 : 8 = _____
20 · 9 = _____	56 : 4 = _____	90 · 9 = _____
88 : 2 = _____	33 · 3 = _____	777 : 7 = _____
777 : 7 = _____	720 : 8 = _____	160 : 8 = _____
60 · 5 = _____	55 · 10 = _____	640 : 8 = _____
55 · 10 = _____	810 · 0 = _____	55 · 5 = _____
600 · 0 = _____	45 : 9 = _____	320 : 4 = _____
30 · 50 = _____	32 : 8 = _____	196 : 14 = _____
450 : 9 = _____	15 · 7 = _____	18 · 12 = _____
273 : 3 = _____	17 · 17 = _____	16 · 16 = _____
640 : 8 = _____	605 : 5 = _____	7 · 8 = _____
70 · 40 = _____	70 · 4 = _____	99 : 9 = _____
480 : 6 = _____	909 : 3 = _____	12 · 7 = _____
905 : 5 = _____	729 : 9 = _____	36 : 6 = _____
210 : 7 = _____	486 : 6 = _____	14 · 9 = _____
55 · 9 = _____	16 : 2 = _____	255 : 5 = _____
22 · 4 = _____	45 · 4 = _____	16 · 9 = _____
111 · 2 = _____	15 · 30 = _____	7 · 14 = _____
360 : 9 = _____	130 : 5 = _____	8 · 18 = _____
50 · 70 = _____	240 : 8 = _____	490 : 7 = _____
405 : 5 = _____	14 · 9 = _____	270 : 9 = _____
644 : 4 = _____	7 · 17 = _____	80 · 80 = _____
17 · 3 = _____	366 : 6 = _____	30 · 90 = _____
255 · 2 = _____	7 · 15 = _____	56 : 7 = _____
81 : 9 = _____	217 : 7 = _____	5 · 90 = _____

© M. Mandl, M. Reichel München – Jede Vervielfältigung ohne schriftliche Zustimmung ist unzulässig.

Übungen zum Einmaleins — Seite: 97

8.3 Übungen 3 (Multiplikation und Division)

129 : 3 = _____	24 : 3 = _____	54 : 6 = _____
528 : 4 = _____	17 · 9 = _____	24 : 3 = _____
357 : 7 = _____	15 · 6 = _____	225 : 15 = _____
72 : 8 = _____	84 : 6 = _____	12 · 6 = _____
90 : 3 = _____	5 · 17 = _____	56 : 8 = _____
27 : 9 = _____	640 : 4 = _____	8 · 9 = _____
8 · 12 = _____	11 · 3 = _____	49 : 7 = _____
98 : 7 = _____	56 : 8 = _____	32 : 8 = _____
6 · 15 = _____	17 · 7 = _____	4 · 8 = _____
5 · 19 = _____	88 : 11 = _____	625 : 25 = _____
16 · 17 = _____	639 : 9 = _____	36 : 4 = _____
30 : 5 = _____	328 : 4 = _____	219 : 3 = _____
54 : 9 = _____	5 · 18 = _____	17 · 20 = _____
27 : 3 = _____	17 · 9 = _____	612 : 6 = _____
64 : 8 = _____	80 : 5 = _____	8 · 88 = _____
7 · 80 = _____	27 : 3 = _____	49 : 7 = _____
42 : 6 = _____	90 : 6 = _____	42 : 7 = _____
555 : 5 = _____	728 : 8 = _____	96 : 6 = _____
420 : 7 = _____	480 : 8 = _____	7 · 19 = _____
7 · 90 = _____	368 : 4 = _____	20 : 5 = _____
284 : 4 = _____	4 · 14 = _____	16 · 7 = _____
11 · 20 = _____	25 · 3 = _____	9 · 14 = _____
360 : 90 = _____	45 : 1 = _____	8 · 18 = _____
50 · 70 = _____	32 : 4 = _____	49 : 7 = _____
40 : 8 = _____	401 · 0 = _____	27 : 3 = _____
64 : 8 = _____	40 · 40 = _____	19 · 8 = _____
11 · 30 = _____	36 : 6 = _____	15 · 9 = _____
25 · 25 = _____	70 · 8 = _____	56 : 8 = _____
918 : 9 = _____	217 : 7 = _____	6 · 9 = _____

© M. Mandl, M. Reichel München – Jede Vervielfältigung ohne schriftliche Zustimmung ist unzulässig.

Übungen zum Einmaleins   Seite: 98

9 Schnelltests – Einmaleins

Das Einmaleins musst du üben, üben, üben. Insgesamt hast du jeweils fünf Minuten Zeit für einen Schnelltest. Das heißt pro Aufgabe solltest du nicht mehr als zehn Sekunden brauchen. Es macht nichts, wenn du am Anfang länger brauchst, mit der Zeit solltest du aber immer schneller werden, deshalb notiere dir wann du anfängst und wann du fertig bist.

9.1 Schnelltest 1 – Einmaleins

Startzeit: _____

1 1 • ▢ = 99	▢ : 3 = 110
4 5 • ▢ = 450	▢ : 7 = 19
1 6 0 : ▢ = 16	▢ : 4 = 12
1 0 0 : ▢ = 4	▢ : 6 = 13
3 6 • ▢ = 396	▢ : 2 = 12
5 4 : ▢ = 9	▢ : 5 = 20
7 7 : ▢ = 11	▢ : 4 = 25
4 5 : ▢ = 9	▢ • 9 = 360
3 6 : ▢ = 6	▢ • 5 = 350
3 2 : ▢ = 8	▢ • 6 = 540
4 2 : ▢ = 6	▢ • 8 = 720
4 5 : ▢ = 5	▢ • 9 = 360
3 9 : ▢ = 3	▢ • 7 = 350
3 2 : ▢ = 4	▢ • 6 = 5 4
4 2 : ▢ = 7	▢ • 8 = 7 2

Endzeit: _____   Von 30 Aufgaben hast du _____ richtig gelöst.

© M. Mandl, M. Reichel München – Jede Vervielfältigung ohne schriftliche Zustimmung ist unzulässig.

Übungen zum Einmaleins	Seite: 99

9.2 Schnelltest 2 – Einmaleins

Startzeit: _____

8 • ☐ = 48	☐ : 5 = 5
4 • ☐ = 32	☐ : 7 = 7
5 • ☐ = 45	☐ : 8 = 8
8 • ☐ = 56	☐ : 9 = 9
7 • ☐ = 49	☐ : 3 = 30
8 • ☐ = 40	☐ : 7 = 90
10 • ☐ = 60	☐ : 4 = 40
4 • ☐ = 120	☐ : 6 = 6
3 • ☐ = 270	☐ : 2 = 17
9 • ☐ = 63	☐ : 5 = 70
81 : ☐ = 9	☐ : 4 = 8
45 : ☐ = 9	☐ • 9 = 36
36 : ☐ = 6	☐ • 7 = 49
16 : ☐ = 4	☐ • 6 = 360
42 : ☐ = 6	☐ • 8 = 88

Endzeit: _____

Von 30 Aufgaben hast du _____ richtig gelöst.

© M. Mandl, M. Reichel München – Jede Vervielfältigung ohne schriftliche Zustimmung ist unzulässig.

| Übungen zum Einmaleins | Seite: 100 |

9.3 Schnelltest 3 – Einmaleins

Startzeit: _____

7 • 7 = ☐   1 2 • ☐ = 1 4 4

1 5 • 8 = ☐   4 • ☐ = 3 2 0

6 • 6 = ☐   5 • ☐ = 2 5 0

1 7 • 2 = ☐   6 • ☐ = 5 4 0

1 3 • 9 = ☐   7 • ☐ = 4 9 0

1 5 • 8 = ☐   8 • ☐ = 4 0 0

1 9 • 6 = ☐   9 • ☐ = 8 1

1 4 • 4 = ☐   8 • ☐ = 6 4

4 • 4 = ☐   3 • ☐ = 2 7 0

1 9 • 9 = ☐   7 • ☐ = 4 9 0

1 6 • 5 = ☐   3 • ☐ = 3 9

1 2 • 8 = ☐   9 • ☐ = 4 5 0

1 4 • 5 = ☐   6 • ☐ = 6 6

1 7 • 7 = ☐   1 1 • ☐ = 4 4

1 8 • 8 = ☐   8 • ☐ = 7 2

Endzeit: _____

Von 30 Aufgaben hast du _____ richtig gelöst.

© M. Mandl, M. Reichel München – Jede Vervielfältigung ohne schriftliche Zustimmung ist unzulässig.

Lösungen

Das ultimative Probenbuch

Mathe 5. Klasse

Lösungen   Seite: 102

10 Lösungsteil
10.1 Lösung zu 2.1 Kleiner Leistungsnachweis 1

1) Schreibe die römischen Zahlen um in arabische Ziffern!		8

XII	12
CCCXLI	341
MMCM	2900
XXVII	27
XXIII	23
LXXXI	81
MMX	2010

2) Schreibe in römischen Ziffern!		6

140	CXL
400	CD
88	LXXXVIII
2970	MMCMLXX
1984	MCMLXXXIV
50	L

3) Welche Zahl ist hier gemeint? Was ist falsch? Wie lautet die Zahl richtig!	2
VC → Gesucht ist die Zahl 95. Das V, also 5, darf aber nicht abgezogen werden, richtig muss es heißen XCV. (90 = XC ; → + V → XCV)	

10.2 Lösung zu 2.2 Kleiner Leistungsnachweis 2 (Oktober)

1) Gib bitte das Ergebnis der Vereinigungs– bzw. Schnittmengen in möglichst kurzer Form an.	7
a) $V_8 \cap V_{16} = V_{16}$ b) $V_8 \cup V_{16} = V_8, V_{16}$ c) $T_4 \cap T_8 = T_4$ d) $N \cup T_{18} = N$ e) $V_9 \cap T_{12} = \{\}$ f) $N \cap V_{17} = V_{17}$ g) $T_9 \cap T_{72} = T_9$	

2) Runde auf die in Klammern angegebene Einheit!	4
a) 218728 mm (m) → 219 m b) 18223 cm (m) → 182 m c) 1823 m (km) → 2 km d) 673 m (km) → 1 km	

3) Runde die Zahlen!				6

	auf Zehner	auf Hunderter	auf Tausender
7457	7460	7500	7000
19608	19610	19600	20000

© M. Mandl, M. Reichel München – Jede Vervielfältigung ohne schriftliche Zustimmung ist unzulässig.

Lösungen — Seite: 103

4) Setze bitte vier der Ziffern 1, 3, 5, 8, 9 ein. | 4

a) Der Wert der Differenz soll die größtmögliche Zahl ergeben.
  98 – 13 = 75   → Größtmögliche Zahl – kleinstmögliche Zahl

b) Wert der Differenz soll möglichst nahe an 30 liegen.
  → Überlegung: 80 - 50 = 30 → Die zusammengesetzten Zahlen sollten sich in diesem Rahmen befinden
    83 – 51 = 32
  Oder 81 – 53 = 28   → **beide Ergebnisse sind gleich nah an 30!**

10.3 Lösung zu 2.3 Kleiner Leistungsnachweis 3 (November)

1) Berechne folgende Terme! | 8

a) 6 – (–12)   = 18
b) 6 – 12   = –6
c) 0 – 6 – (–6) = 0
d) (–6) – (–12) = 6
e) 300 – 350 – 19 = –69
f) 70 + (–70)   = 0
g) 77 + 23 – 250 = –150
h) 8 + (–5) – (–7) = 8 – 5 + 7 = 10

2) Welche Zahl liegt auf dem Zahlenstrahl zwischen | 2

a) 7 und –15?   **– 4**
b) 9 und –11?   **– 1**

3) Begründe, ob folgende Aussagen wahr oder falsch sind. | 4

a) **Die Summe zweier negativer Zahlen ist immer positiv.**
  Falsch, die Summe zweier negativer Zahlen ist immer negativ.

b) **Die Differenz zweier positiver Zahlen ist stets positiv.**
  Nein, diese ist nur positiv, wenn der Minuend (1. Zahl) größer ist als der Subtrahend (2. Zahl).

c) **Subtrahieren einer Zahl bedeutet dasselbe, wie das Addieren der Gegenzahl.**
  richtig → a – b = a + (–b)

d) **Der Betrag einer Zahl ist immer der Abstand zu der Zahl 0**
  Richtig, deshalb ist der Betrag einer Zahl immer positiv.

4) Schreibe in Ziffernschreibweise! | 4

a) **Drei Milliarden 250 Millionen Zweihundertzwölftausendeinundzwanzig**
  3.250.212.021

b) **Drei Billiarden 125 Millionen Vierundzwanzigtausendeinundachtzig**
  3.000.000.125.024.081

Lösungen		Seite: 104

10.4 Lösung zu 2.4 Schulaufgabe 1–1

1) Schreibe folgende Zahlen mit römischen Ziffern: a) 1987 **MCMLXXXVII** b) 2010 **MMX**	4
2) Schreibe die nachstehenden Zahlen als Zehnerpotenzen: a) 30 Billionen $3 \cdot 10^{13}$ b) 410 000 000 $41 \cdot 10^7$ = $4{,}1 \cdot 10^8$	4
3) Schreibe die geforderten Zahlen auf! a) **Wie heißt die größte sechsstellige Zahl?** 999999 b) **Wie heißt die größte und die kleinste positive sechsstellige Zahl mit der Quersumme 19.** Bei der größten sechsstelligen Zahl mit **Quersumme 19** stehen die hohen Zahlen möglichst weit vorne und bei der kleinsten umgekehrt: **991.000** Kleinste: **100.099** c) **Sind die in Aufgabe 3b gesuchten Zahlen durch 3 teilbar? Begründe deine Aussage!** Nein! Die Zahlen sind nicht durch 3 teilbar, da die Quersumme beider Zahlen 19 ist und 19 ist nicht durch 3 teilbar ist.	6
4) Was zeichnet eine Primzahl aus? Eine Primzahl ist eine Zahl, die **größer als 1** ist und nur **durch 1 und sich selbst teilbar** ist. Schreibe alle Primzahlen zwischen 0 und 10 auf. → **2, 3, 5, 7**	4
5) Schreibe folgende Zahlen als römische Zahlen auf: 396 **CCCXCVI** 496 **CDXCVI** 2764 **MMDCCLXIV** 1234 **MCCXXXIV** 678 **DCLXXVIII**	5

6) Runde die Zahlen

	Auf Zehner	Auf Tausender	
85498	**85500**	**85000**	3
1954608	**1954610**	**1955000**	
416	**420**	**0**	

7) Bezogen auf ℕ → wahr oder falsch? a) Jede natürliche Zahl hat eine natürliche Zahl als Vorgänger. → **falsch** – Egal ob ℕ oder ℕ₀, der Vorgänger der ersten natürlichen Zahl nicht! b) Es gibt 10 Quadratzahlen, die kleiner als <u>100</u> sind. → **falsch** – Es gibt nur **neun Zahlen** → 1, 4, 9, 16, 25, 36, 49, 64, 81. c) Es gibt genau eine gerade Primzahl. → **wahr** – JA, die 2!	3
8) Rechne möglichst vorteilhaft! $(-8) \cdot 21 \cdot \mathbf{125} \cdot 5 \cdot (-2)$ = $\underline{16} \cdot 21 \cdot \mathbf{625}$ = **210.000** NR: $\underline{(-8) \cdot (-2)} = \underline{+16}$; $\mathbf{125} \cdot 5 = 625$;	4

Lösungen — Seite: 105

10.5 Lösung zu 2.5 Schulaufgabe 1–2

1) Schreibe die nachstehenden Zahlen als Zehnerpotenzen: a) 4 Millionen $= \mathbf{4 \cdot 10^6}$ b) 137 000 000 $= \mathbf{137 \cdot 10^6} = \mathbf{1{,}37 \cdot 10^8}$	3
2) Schreibe folgende Zahlen mit römischen Ziffern: a) 2479 **MMCDLXXIX** b) 1010 **MX**	2
3) Rechne vorteilhaft! $-18 \cdot (-162) + (-138) \cdot (-18) = \underline{\mathbf{5400}}$ NR: $+(18 \cdot 162) + (138 \cdot 18) = 2916 + 2484 = \mathbf{5400}$	3
4) Berechne den Term! $[\,16 - 18 \cdot (-12) + (-2)^3 \cdot 5^2\,] : 4 = \underline{\mathbf{8}}$ NR: $[\,16 - (18 \cdot (-12)) + ((-2)^3 \cdot 5^2)\,] : 4 =$ $[\,16 - (-216) + ((-8) \cdot 25)\,] : 4 =$ $[\,16 + 216 + (-200)\,] : 4 = [\,232 - 200\,] : 4 = 32 : 4 = \mathbf{8}$	6

5) Schreibe die Zahlen stellengerecht untereinander und berechne:
a) 5607 + 6279   b) 8034 + 23795 + 12739   c) 3752 + 34 + 945
 	
  5607   8034   3752
+ 6279   + 23795   +   34
                    + 12739   + 945
──────────────────────────────
  <u>11886</u>   <u>44568</u>   <u>4731</u>
	5

6) Bestimme die Lösungsmenge:
a) $24 \cdot x - 35 = 85$ b) $56 : x + 9 = 16$ c) $150 + x + 23 = 215$
     $x = (85 + 35) : 24$ $56 : x = 16 - 9 = 7$ $x = 215 - 150 - 23$
                                  $x = 56 : 7 = 8$
     $\underline{x = 120 : 24 = \mathbf{5}}$ $\underline{x = \mathbf{8}}$ $\underline{x = \mathbf{42}}$
	6

© M. Mandl, M. Reichel München – Jede Vervielfältigung ohne schriftliche Zustimmung ist unzulässig.

Lösungen — Seite: 106

10.6 Lösung zu 2.6 Schulaufgabe 1–3

1) <u>Multipliziere</u> die <u>Summe der Zahlen – 68 und – 24</u> mit dem <u>Quotienten der Zahlen 228 und –19</u>. (–68) + (–24) = (–68) – 24 = **–92** 228 : (–19) = **–12** –92 · –12 = **1104** Ich erhalte die Zahl 1104!	3
2) Schreibe die folgenden Zahlen als Term entsprechend dem Beispiel: a) 83972 = 8 · 10000 + 3 · 1000 + 9 · 100 + 7 · 10 + 2 b) 713904 = 7 · 100000 + 1 · 10000 + 3 · 1000 + 9 · 100 + 4 c) 45680 = 4 · 10000 + 5 · 1000 + 6 · 100 + 8 · 10	3
3) Benenne den Rechenablauf folgender Grundrechenarten (benutze Fachwörter). **Addition:** Summand + Summand = Summe **Subtraktion:** Minuend – Subtrahend = Differenz **Multiplikation:** Faktor · Faktor = Produkt **Division:** Dividend : Divisor = Quotient	4
4) Schreibe die Zahlen stellengerecht untereinander und berechne: a) 86732 – 12906 = **73826** b) 48706 – 39031 = **9675** c) 8973 – 3142 = **5831**	3
5) Berechne: a) 4329 · 87 = **376623** b) 6153 · 72 = **443016** c) 4137 · 312 = **1290744** d) 3076 · 817 = **2513092**	4
6) Berechne: a) 52974 : 81 = **654** b) 281888 : 23 = **12256** c) 3301 : 16 = **206 R5** d) 9087 : 13 = **699**	4

| Lösungen | Seite: 107 |

7) Herr Moneti kauft ein Haus zum Preis von 378000 €. a) Den 7. Teil des Kaufpreises zahlt Herr Moneti sofort. **Wie hoch ist die Restzahlung?** 378000 : 7 = **54000 €**; 378000 − 54000 = **324000 €**; Restzahlung b) Die Hälfte des gesamten Kaufpreises muss sich Herr Moneti von der Bank leihen. Diesen Betrag will er in zwölf Jahren mit gleichen Monatsraten zurückzahlen. Wie hoch wird die Bank eine Rate ansetzen, wenn sie einen Gesamtgewinn von 13896 € machen will? 378000 : 2 = **189000 €** 12 · 12 = **144** Anzahl Monatsraten (189000 + 13896) : 144 = **1409 €** Monatsrate **Die Monatsrate beträgt 1409 €.**	5

10.7 Lösung zu 2.7 Schulaufgabe 1–4

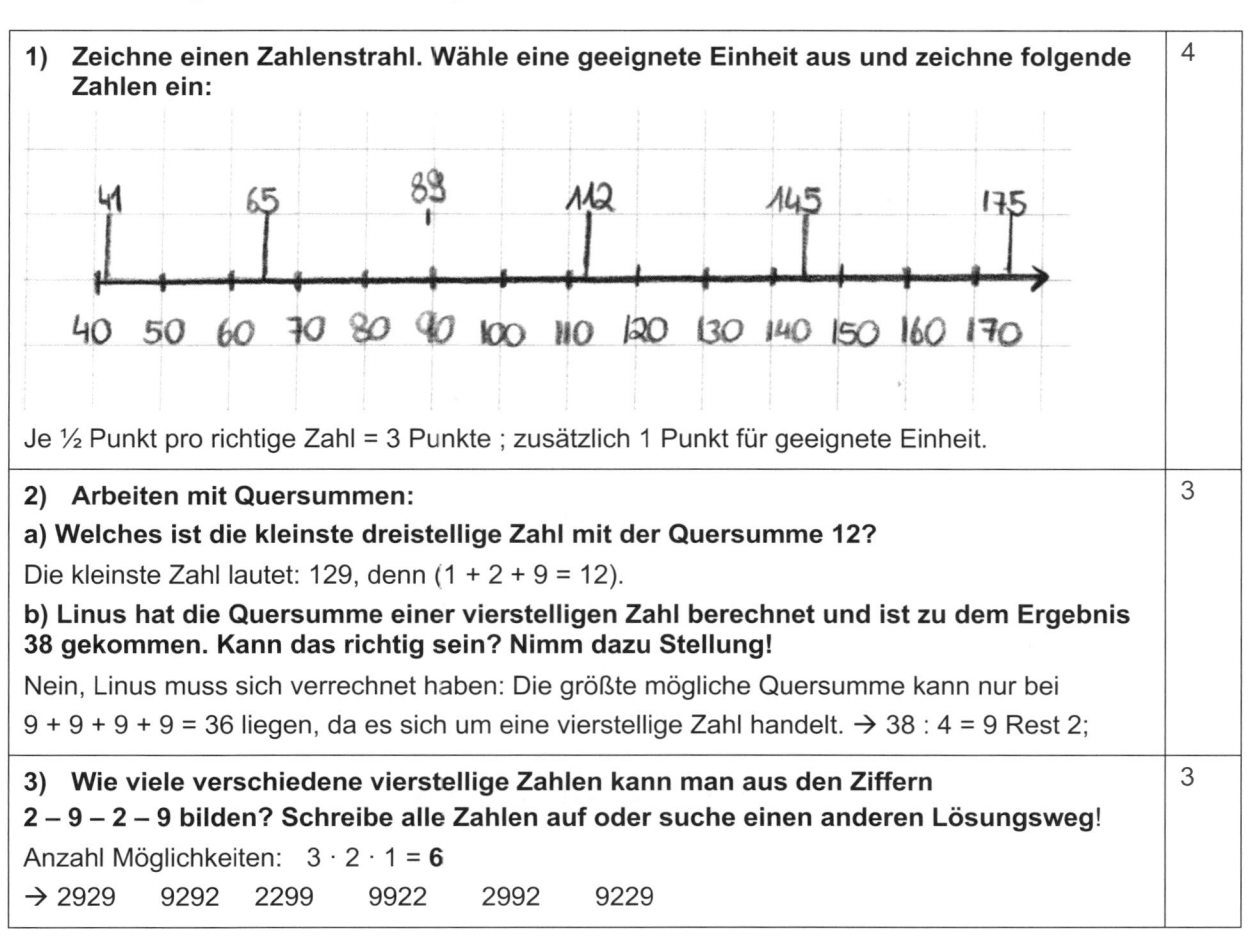

1) Zeichne einen Zahlenstrahl. Wähle eine geeignete Einheit und zeichne folgende Zahlen ein: 41, 65, 89, 112, 145, 175 auf Zahlenstrahl mit Skala 40, 50, 60, 70, 80, 90, 100, 110, 120, 130, 140, 150, 160, 170 Je ½ Punkt pro richtige Zahl = 3 Punkte ; zusätzlich 1 Punkt für geeignete Einheit.	4
2) Arbeiten mit Quersummen: a) Welches ist die kleinste dreistellige Zahl mit der Quersumme 12? Die kleinste Zahl lautet: 129, denn (1 + 2 + 9 = 12). b) Linus hat die Quersumme einer vierstelligen Zahl berechnet und ist zu dem Ergebnis 38 gekommen. Kann das richtig sein? Nimm dazu Stellung! Nein, Linus muss sich verrechnet haben: Die größte mögliche Quersumme kann nur bei 9 + 9 + 9 + 9 = 36 liegen, da es sich um eine vierstellige Zahl handelt. → 38 : 4 = 9 Rest 2;	3
3) Wie viele verschiedene vierstellige Zahlen kann man aus den Ziffern 2 − 9 − 2 − 9 bilden? Schreibe alle Zahlen auf oder suche einen anderen Lösungsweg! Anzahl Möglichkeiten: 3 · 2 · 1 = **6** → 2929 9292 2299 9922 2992 9229	3

© M. Mandl, M. Reichel München – Jede Vervielfältigung ohne schriftliche Zustimmung ist unzulässig.

Lösungen — Seite: 108

4) a) Schreibe die Dezimalschreibweise zu folgenden römischen Zahlen:

MCCLXXVI	**1276**
CDXIX	**419**

b) Nun schreibe in römischen Ziffern!

1919	**MCMXIX**
99	**IC**

(2)

5) a) **15** **20** **25** **30** 35 40 45 **50** 55 **60** **65**
b) **1** **2** **4** **8** 16 32 64 **128** **256** **512** **1024**

(4)

6) a)

(Koordinatensystem mit Punkten A(1,0), B(2,0), C(3,0), D(4,0), E(1,2), F(2,2), G(3,2), H(4,2))

b) $x \in \{1, 2, 3, 4\}; \quad y \in \{0, 2\}$

(5)

7) Formuliere die folgenden Terme in Worten und verwende dabei Fachwörter!
a) $(14 + 5) - (3 + 2)$
Subtrahiere die Summe von 3 und 2 von der Summe aus 14 und 5. (2 Punkte)

b) $[28 + (10 - 3) - 4 \cdot 3] + 12$
Addiere zu 12 die Differenz aus der Summe aus 28 und der Differenz aus 10 und 3 und dem Produkt aus 4 und 3. (4 Punkte)

(6)

10.8 Lösung zu 3-1 – Kleiner Leistungsnachweis 4 – Kombinatorik und Fakultät

1) Gib den Rechenweg und das Ergebnis an! Wie viele <u>dreistellige Ziffernfolgen</u> lassen sich mit den <u>Ziffern 0 bis 6</u> bilden, wenn (6)

a) <u>jede Ziffer mehrmals verwendet</u> werden darf und <u>die Null auch an erster Stelle</u> stehen darf? (3)
An jeder Stelle können die Ziffern 0 – 6 stehen, d. h. 7 Ziffern pro Stelle
→ **7 · 7 · 7 = 343**

b) <u>keine Ziffer mehrmals verwendet</u> werden und <u>die Null nicht an erster Stelle</u> stehen darf? (3)
An der 1. Stelle können 6 Ziffern (keine 0) stehen, an der 2. Stelle können ebenfalls 6. Ziffern (nicht 1. Ziffer, dafür die 0), an der 3. Stelle können 5 Ziffern stehen.
mögliche Kombinationen: → **6 · 6 · 5 = 180**

2) Wie viele <u>Sitzordnungen</u> sind bei einer Gruppe von 6 Schülern möglich? (3)
6 · 5 · 4 · 3 · 2 · 1 = 720
Es gibt 720 = 6! (6 Fakultät) Sitzplatzierungen für die Schülergruppe.

Lösungen	Seite: 109

3) Berechne! 8! = 8 · 7 · 6 · 5 · 4 · 3 · 2 · 1 = 40.320		4
4) Dein Handy hat einen vierstelligen Zahlen PIN-Code. Wie viele Möglichkeiten für deinen PIN-Code gibt es, wenn		4
a) jede Ziffer beliebig oft verwendet werden darf. →	10 · 10 · 10 · 10 = 10000	2
b) jede Ziffer nur einmal verwendet werden darf. →	10 · 9 · 8 · 7 = 5040	2

10.9 Lösung zu 3-2 - Kleiner Leistungsnachweis 5

1) Passwörter sind heute im Alltag häufig nötig.	7
a) Unser Alphabet hat 26 Buchstaben. Wie viele verschiedene Buchstabenkombinationen für ein Passwort gibt es mit nur zwei Buchstaben?	2
Da wir sowohl Kleinbuchstaben als auch Großbuchstaben verwenden können, haben wir 26 + 26 = 52 Möglichkeiten. **52 · 52 = 2704** **Es gibt 2704 verschiedene Passwortmöglichkeit bei einem Alphabet mit 26 Buchstaben.**	
b) Für Computerpasswörter kann man Großbuchstaben, Kleinbuchstaben, Ziffern und folgende neun Sonderzeichen ! ? ; : + > < * @ verwenden. Wie viele Passwörter mit nur zwei Zeichen gibt es in diesem Fall?	2
26 Großbuchstaben + 26 Kleinbuchstaben + 10 Ziffern + 8 Sonderzeichen = 70 Zeichen **70 · 70 = 4900** Es gibt 4900 verschiedene Passwortmöglichkeit bei 70 versch. Zeichen.	
c) Wie viele Möglichkeiten sind es mit den Angaben aus b) aber mit drei Zeichen?	3
70 · 70 · 70 = 4900 · 70 = 343000 Bei einem Passwort bestehend aus 3 Zeichen und der Auswahl von 70 versch. Zeichen gibt es 343.000 Möglichkeiten.	
2) Kerstin kann auf ihrem Fahrradschloss eine vierstellige Zahl einstellen. Für jede Stelle kann sie die Ziffern 0 bis 9 wählen. Leider hat sie ihre Geheimzahl vergessen. Sie weiß aber sicher, dass die erste Ziffer eine 7 war. Die zweite Stelle war entweder eine 3 oder 6. An die anderen beiden Stellen kann sie sich leider nicht mehr erinnern. Wie viele verschiedene Möglichkeiten hat Kerstin, bis sie ihr Schloss sicher öffnen kann? **1 · 2 · 10 · 10 = 200** **Kerstin hat 200 Möglichkeiten bis sie das Schloss sicher öffnen kann.**	4
3) Überlege und berechne! 15! : 13! = 210 $\frac{15 \cdot 14 \cdot \cancel{13!}}{\cancel{13!}} = 15 \cdot 14 = \underline{210}$ Hier kannst du einfach kürzen, da 15! = 15 · 14 · 13! ist.	2

Lösungen — Seite: 110

10.10 Lösung zu 4.1 Schulaufgabe 2–1

1) Terme:

a) Benenne bitte die einzelnen Teile des Terms mit den korrekten Fachbegriffen. — 4,5

$$(5 + 3) \cdot (2 - 1) = 8$$

$(5+3)$ → **Summe**; $(2-1)$ → **Differenz**; Gesamt → **Produkt** — 1,5

b) Um welchen Gesamtterm handelt es sich? **Produkt** — 1

c) Wie heißt der Fachbegriff für die Zahlen, die im obigen Term verwendet werden? — 1
→ **Natürliche Zahlen** $\mathbb{N}$

d) Was bedeuten die Klammern? — 1
→ **Die Klammern bedeuten, dass dieser Teilterm zuerst errechnet werden muss.**
Reihenfolge: Erst runde, dann eckige und dann die geschweifte Klammer ausrechnen.

2) Rechne den Term aus. Überlege dir, wie du am besten vorgehst! — 3

$1120 \underline{- 7431 + 7461} - 3487 + 2636 + 987 + 1214 =$
$1120 + \underline{(7461 - 7431)} + (2636 + 1214) + (987 - 3487) =$
$1120 + 30 + 3850 - 2500 = 5000 - 2500 = \underline{\mathbf{2500}}$

3) Rechne aus! — 4

a) $-17 - (-87) \qquad = -17 + 87 = \mathbf{70}$
b) $-893 - 323 \qquad = \mathbf{-1216}$
c) $71 - (-25 + 103) \qquad = 71 - 78 = \mathbf{-7}$
d) $-97 + 34 - 21 + 29 \qquad = -97 + 8 + 34 = -97 + 42 = \mathbf{-55}$

4) Rechne aus! — 4

$-1 + 25 \cdot (14^2 - 171) = -1 + (25 \cdot (196 - 171)) = -1 + (25 \cdot 25) = 625 - 1 = \mathbf{624}$

5) Ergänze die fehlenden Zahlen in den Klammern. — 4

a) $-36 + \mathbf{1} \qquad = -35$
b) $\mathbf{-14} - (-27) = 13$
c) $-76 + \mathbf{33} \qquad = -43$
d) $\mathbf{40} - 27 \qquad = 13$

6) Wenn du meine Zahl mit 7 multiplizierst, dann 199 addierst und danach 34 subtrahierst, erhältst du die Hälfte von 400. — 4

$(x \cdot 7 + 199) - 34 = 400 : 2 \;\rightarrow\; 7x + 199 = 200 + 34 = 234$
$7x = 234 - 199 = 35 \;\rightarrow\; x = 35 : 7 = \underline{\mathbf{5}}$
Die gesuchte Zahl lautet 5!

7) Auf einem Zahlenstrahl sind zwei Zahlen markiert. Die beiden Zahlen unterscheiden sich um 14 und sind von der Zahl 5 gleich weit entfernt. Welche Zahlen sind markiert? — 2

```
         0      5     10
_____|_|____|_____|_|
        -2 0    5     12
```

$5 - 7 = -2; \qquad 5 + 7 = 12; \qquad -2 + 14 = 12;$
Markiert sind die Zahlen –2 und 12!

Lösungen Seite: 111

8) $1345 - [\,(821 - 421) + [512 - (-28 + 2)]\,]$ — 6,5

a) <u>Gliedere</u> den angegebenen Term, indem du seine ‚Baum'–<u>Struktur</u> aufschreibst. — 2,5

$1345 - [\,(821 - 421) + [512 - (-28 + 2)]\,]$

- (821 – 421): Differenz
- (–28 + 2): Summe
- [512 – (–28 + 2)]: Differenz
- [(821 – 421) + [512 – (–28 + 2)]]: SUMME
- Gesamt: DIFFERENZ

b) Rechne nun den Term aus! — 4

$1345 - [\,(821 - 421) + [512 - (-28 + 2)]\,] = 1345 - [\,400 + [512 + 26]\,] =$
$1345 - [400 + 538] = 1345 - 938 = \underline{\mathbf{407}}$

9) Die Rechenregel, mit der wir gearbeitet haben lautet: — 1

Klammer – vor Punkt – vor Strich!

10) Marina erhält <u>wöchentlich 2 €</u> Taschengeld, von ihren Eltern. Ihr Onkel gibt ihr diese Woche die <u>Hälfte</u>, ihre Tante das <u>Doppelte des Taschengeldes</u> dazu. Marina möchte ihrer Mutter für das gesamte Geld, das sie diese Woche erhält <u>7 Rosen</u> schenken. <u>Wie teuer darf eine Rose sein?</u> — 2

Onkel: 2 : 2 = 1;   Tante: 2 · 2 = 4   Insgesamt: 2 € + 1 € + 4 € = 7 €

7 : 7 = 1;   Eine Rose darf maximal 1 € kosten!

11) Dieses Grundstück ist im Maßstab 1:600 gezeichnet — 6

a) Was bedeutet dieser Maßstab? — 1

Ein cm in der Zeichnung entsprechen in echt 600 cm = 6 m.

b) Miss die Länge und Breite der Zeichnung. — 1

Wie lang und breit ist das Grundstück in Wirklichkeit?

Gib dein Ergebnis auch in Metern an!

6 cm · 600 = <u>**3600 cm = 36 m**</u>

4 cm · 600 = <u>**2400 cm = 24 m**</u>

c) Berechne den <u>wahren</u> Umfang in Metern! — 2

36 m · 2 + 24 m · 2 = <u>**120 m**</u>

d) Berechne die tatsächliche Fläche in m²! — 2

36 m · 24 m = <u>**864 m²**</u>

Lösungen — Seite: 112

10.11 Lösung zu 4.2 Schulaufgabe 2–2

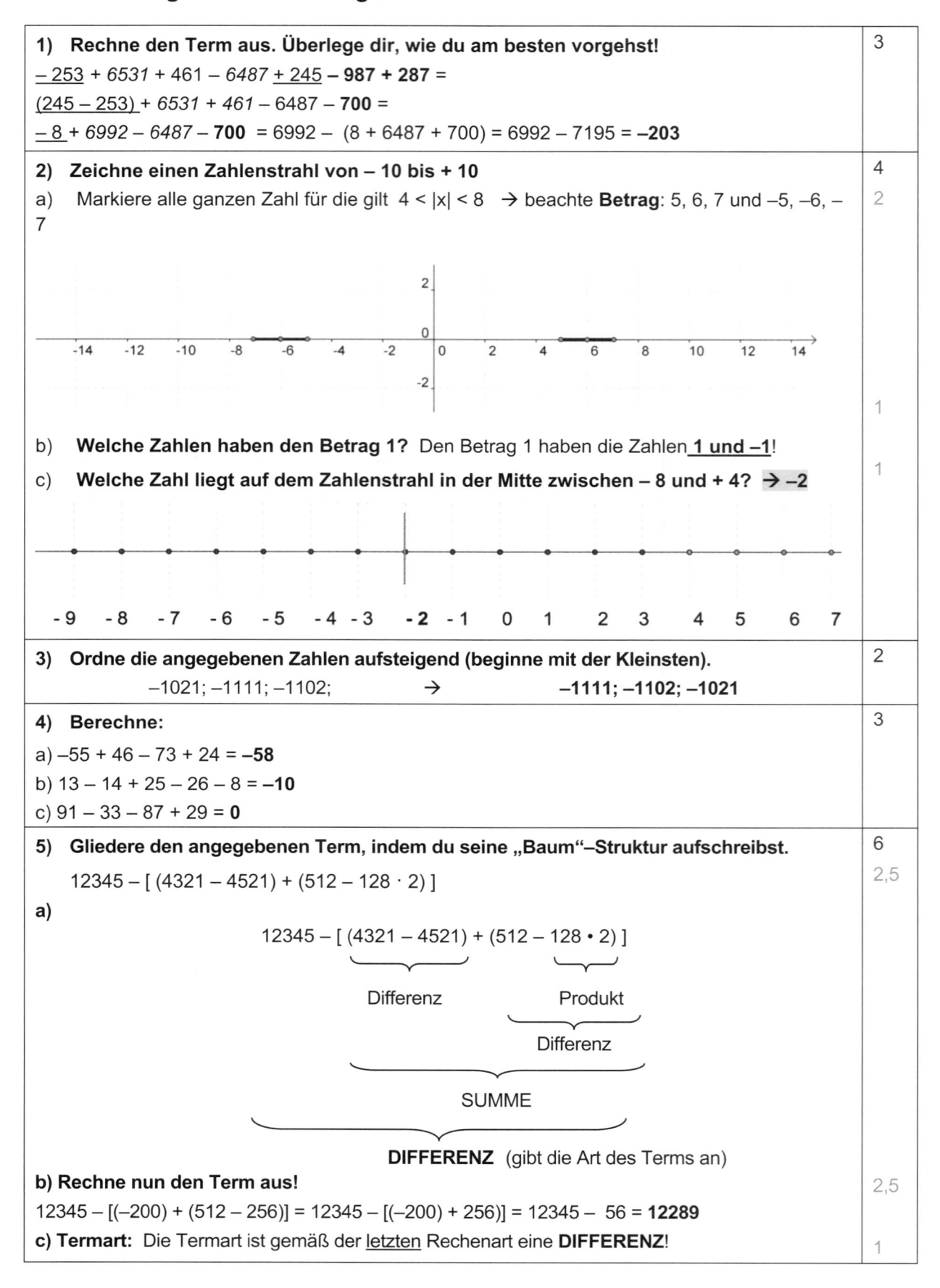

1) Rechne den Term aus. Überlege dir, wie du am besten vorgehst! [3]

$\underline{-253} + 6531 + 461 - 6487 \underline{+245} - \mathbf{987 + 287} =$

$(245 - 253) + 6531 + 461 - 6487 - \mathbf{700} =$

$\underline{-8} + 6992 - 6487 - \mathbf{700} = 6992 - (8 + 6487 + 700) = 6992 - 7195 = \mathbf{-203}$

2) Zeichne einen Zahlenstrahl von –10 bis +10 [4]

a) Markiere alle ganzen Zahl für die gilt $4 < |x| < 8$ → beachte **Betrag**: 5, 6, 7 und –5, –6, –7 [2]

b) **Welche Zahlen haben den Betrag 1?** Den Betrag 1 haben die Zahlen <u>1 und –1</u>! [1]

c) **Welche Zahl liegt auf dem Zahlenstrahl in der Mitte zwischen –8 und +4?** → **–2** [1]

3) Ordne die angegebenen Zahlen aufsteigend (beginne mit der Kleinsten). [2]

−1021; −1111; −1102; → **−1111; −1102; −1021**

4) Berechne: [3]

a) $-55 + 46 - 73 + 24 = \mathbf{-58}$

b) $13 - 14 + 25 - 26 - 8 = \mathbf{-10}$

c) $91 - 33 - 87 + 29 = \mathbf{0}$

5) Gliedere den angegebenen Term, indem du seine „Baum"-Struktur aufschreibst. [6]

$12345 - [\,(4321 - 4521) + (512 - 128 \cdot 2)\,]$

a) [2,5]

$12345 - [\,(4321 - 4521) + (512 - 128 \cdot 2)\,]$

- $(4321 - 4521)$ → **Differenz**
- $128 \cdot 2$ → **Produkt**
- $(512 - 128 \cdot 2)$ → **Differenz**
- $(4321 - 4521) + (512 - 128 \cdot 2)$ → **SUMME**
- Gesamter Term → **DIFFERENZ** (gibt die Art des Terms an)

b) **Rechne nun den Term aus!** [2,5]

$12345 - [(-200) + (512 - 256)] = 12345 - [(-200) + 256] = 12345 - 56 = \mathbf{12289}$

c) **Termart:** Die Termart ist gemäß der <u>letzten</u> Rechenart eine **DIFFERENZ**! [1]

Lösungen		Seite: 113

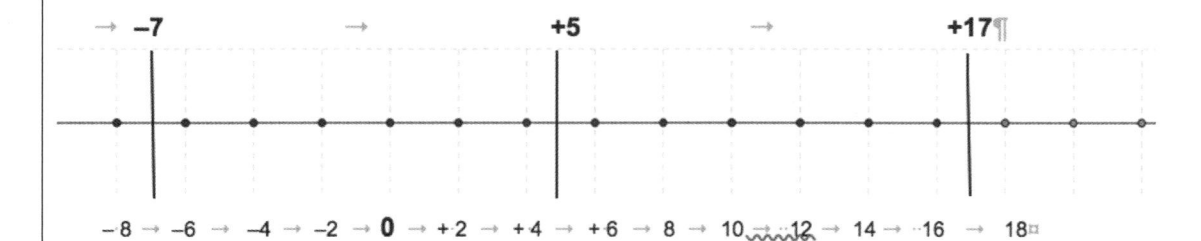

6) Auf einem Zahlenstrahl sind zwei Zahlen markiert. Die beiden Zahlen unterscheiden sich um 24 und sind von der Zahl 5 gleich weit entfernt. Welche Zahlen sind markiert? | 2

$24 : 2 = \mathbf{12}$; $5 + 12 = \mathbf{17}$; $5 - 12 = \mathbf{-7}$

```
   -7              +5              +17
```
−8 −6 −4 −2 0 +2 +4 +6 8 10 12 14 16 18

7) Berechne: | 3
a) $8 \cdot 10^3 + 63 = 8.000 + 63 = \mathbf{8.063}$
b) $4 \cdot 10^6 = \mathbf{4.000.000}$
c) $3 \cdot 10^4 + 345 = 30.000 + 345 = \mathbf{30.345}$

8) Zerlege in Primfaktoren! | 5
a) $12 = \mathbf{2 \cdot 2 \cdot 3}$
b) $15 = \mathbf{3 \cdot 5}$
c) $63 = \mathbf{3 \cdot 3 \cdot 7}$
d) $1729 = \mathbf{7 \cdot 13 \cdot 19}$
e) $1155 = \mathbf{3 \cdot 5 \cdot 7 \cdot 11}$

9) Addiere zu der Summe aus der kleinsten zweistelligen und der größten zweistelligen ganzen Zahl den Quotienten aus 279 und 9. | 5

Summe: −99 + 99   = 0
Quotient: 279 : 9   = 31
Addiere: 0 + 31   = **31**

10) Gib an, wie sich der Wert einer Summe verändert, wenn ein Summand um 46 vergrößert und der andere Summand um 39 verkleinert wird | 2

Der Wert der Summe verändert sich um 46 − 39 = 7!

Lösungen — Seite: 114

10.12 Lösung zu 4.3 Schulaufgabe 2–3

1) Rechne den Term aus. Überlege dir, wie du am sinnvollsten vorgehst! — 4
($187 - 431$) + ($305 - 87$) + ($-305 + 431$) = ($187 - 87$) + ($431 - 431$) + ($305 - 305$) =
$100 + 0 + 0 = $ **100** — 3
Welches Gesetz hast du hier (hoffentlich) angewendet? **Assoziativgesetz** — 1

2) Welche Zahl liegt auf einem Zahlenstrahl genau in der Mitte von -23 bis $+5$. Schreibe deinen Lösungsweg auf! Lösung: $-23 + 5 = -18$; $-18 : 2 = \underline{-9}$ — 2

3) Rechne den Term aus, indem du alle Rechenschritte aufschreibst! — 4
$-1 + 25 \cdot (14^2 - 172) =$
$-1 + 25 \cdot (196 - 172) = -1 + 25 \cdot 24 = -1 + 600 = \underline{\mathbf{599}}$

4) Gib die Lösungsmenge L der Gleichungen an. Schreibe auch den Rechenweg auf! — 6
a) $x^2 = 5 \cdot x$ $L = \{0; 5\}$ → $5^2 = 5 \cdot 5$
b) $x + x^2 = 2 \cdot x$ $L = \{0; 1\}$ → $0 + 0 = 2 \cdot 0 = 0$
c) $4 \cdot (x - 2) = 4 \cdot x - 8$ $L = \{0; 1; 2; 3; …,n\}$ → Wenn du hier das Distributivgesetz anwendest, steht links und rechts vom '=' dasselbe, somit kannst du jede natürliche Zahl und 0 einsetzen!

5) Bestimme die Beträge! — 6
a) 7,5   b) $\frac{4}{5}$ c) $2\frac{1}{4}$ d) 0,34   e) 8   f) 3480

6) $[2200 - (42 - 21)] + [(51 + 25 \cdot 2) - 2]$ — 6
a) Gliedere den angegebenen Term, indem du seine „Baum"-Struktur aufschreibst.

$[\ 2200\ -\ (42 - 21)\ ]\ +\ [\ (51\ +\ 25 \cdot 2\ )\ -\ 2\ ]$

- (42 − 21): **Differenz**
- (51 + 25·2): enthält **Produkt**, gesamt **Summe**
- [2200 − (…)]: **Differenz**
- [(…) − 2]: **Differenz**
- Gesamter Term: **SUMME**

b) Rechne nun den Term aus!
$[2200 - (42 - 21)] + [((51 + 25 \cdot 2) - 2)] = [2200 - 21] + [51 + 50 - 2] = 2179 + 99 = \mathbf{2278}$;

c) Die Termart ist nach der <u>letzten</u> Rechenart eine **SUMME**!

7) Berechne den Wert des Terms, indem du das <u>Distributivgesetz</u> anwendest! — 3
$367 \cdot 12 + 12 \cdot 333 = 12 \cdot (367 + 333) = 700 \cdot 12 = \mathbf{8400}$

8) Erstelle einen Term — 5
Marie geht für ihre Mutter einkaufen. → eine Tafel Schokolade: 1,50 €, zehn Eier: 2,50 €, etwas Käse und Wurstwaren: 8,69 € und Brot: 3,80 €
An der Kasse stellt sie fest, dass sie nur 15 € dabei hat. Deshalb lässt sie die Schokolade dort. Stelle zunächst einen <u>gesamten Term</u> auf. <u>Errechne das Wechselgeld.</u>
(1,50 € + 2,50 € + 8,69 € + 3,80 €) − 1,50 € = — 2
(~~1,50 €~~ + 2,50 € + 8,69 € + 3,80 €) ~~− 1,50 €~~ — 1
6,30 € + 8,69 € = 14,99 € — 1
15,00 € − 14,99 € = <u>**0,01 €**</u> → es bleibt ein Glückscent Wechselgeld übrig. — 1

| Lösungen | Seite: 115 |

10.13 Lösung zu 4.4 Schulaufgabe 2–4

1) Rechne aus! a) $5^3 - 3^2 = (5 \cdot 5 \cdot 5) - (3 \cdot 3) = 125 - 9 = \underline{\mathbf{116}}$ b) $3 \cdot 2^2 - 2 \cdot 3^2 = (3 \cdot 2 \cdot 2) - (2 \cdot 3 \cdot 3) = 12 - 18 = \underline{\mathbf{-6}}$ c) $220 - (-16 - 14) \cdot 12 = 220 - ((-30) \cdot 12) = 220 - (-360) = 220 + 360 = \underline{\mathbf{580}}$ d) $(600 - 56 : 4 \cdot 2^2 \cdot 11 + 300 : 5) : 11 - 3^2 = (600 - ((56 \cdot 11) + 60) : 11) - 9 =$ $(600 - 616 + 60) : 11) - 9 = (44 : 11) + 9 = 4 - 9 = \underline{\mathbf{-5}}$ e) $192 - (-7 - 3) \cdot (-14) = 192 - (-10) \cdot (-14) = 192 - (+140) = \underline{\mathbf{52}}$	8
2) Timo Tim möchte gerne das Fahrradschloss seines blöden Bruders knacken und das Rad dann aus Rache in der Isar versenken. Leider hat es der ordentliche Bruder mit einem Zahlenschloss an den Zaun gekettet. Timo Tim möchte nun wissen wie viele Möglichkeiten er hat, wenn er 4 Zahlen mit den Zahlen 1 – 4 zur Auswahl hat, denn so viel hatte ihm sein Bruder in besseren Zeiten schon verraten, er hat keine Zahl höher als 4 benutzt und auch keine doppelt. a) Die Anzahl der Möglichkeiten: $4 \cdot 3 \cdot 2 \cdot 1 = 12 \cdot 2 \cdot = \mathbf{24\ Möglichkeiten}$ b) Baumdiagramm für die drei Freunde A, B, C. (Baumdiagramm: Tim → A, B, C; A → B, C; B → A, C; C → A, B; usw.) → Es gibt also **6 Möglichkeiten**, in der die Freunde ankommen könnten.	4
3) Wähle ein passendes Koordinatensystem! a) Gegeben ist der Punkt: $A = (-4, -4)$ → weitere Koordinaten siehe Zeichnung b) Von welcher anderen Winkelart können die anderen beiden Winkel sein? Die anderen beiden Winkel können nur spitz sein, da ein 90° Winkel gegeben ist. c) Gib die Größen der beiden anderen Winkel an: **45°** (Zeichnung: Koordinatensystem mit Dreieck; $\alpha = 45°$ bei C, $\gamma = 90°$ bei A, $\beta = 45°$ bei B)	10

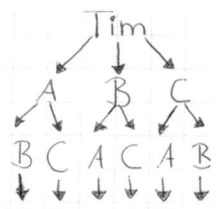

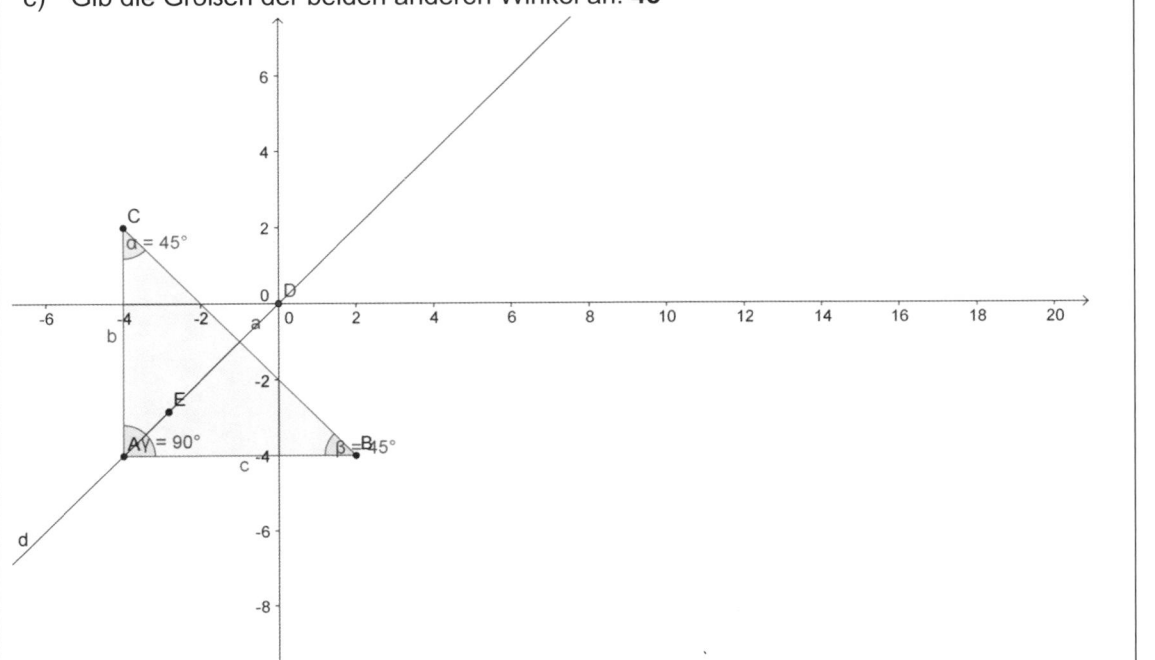

Lösungen

Seite: 116

10.14 Lösung zu 5.1 Kleiner Leistungsnachweis 6

1) Spiegele das Dreieck ABC an der eingezeichneten Achse. Benenne die Strecken und trage die gespiegelten Punkte ein. | 6

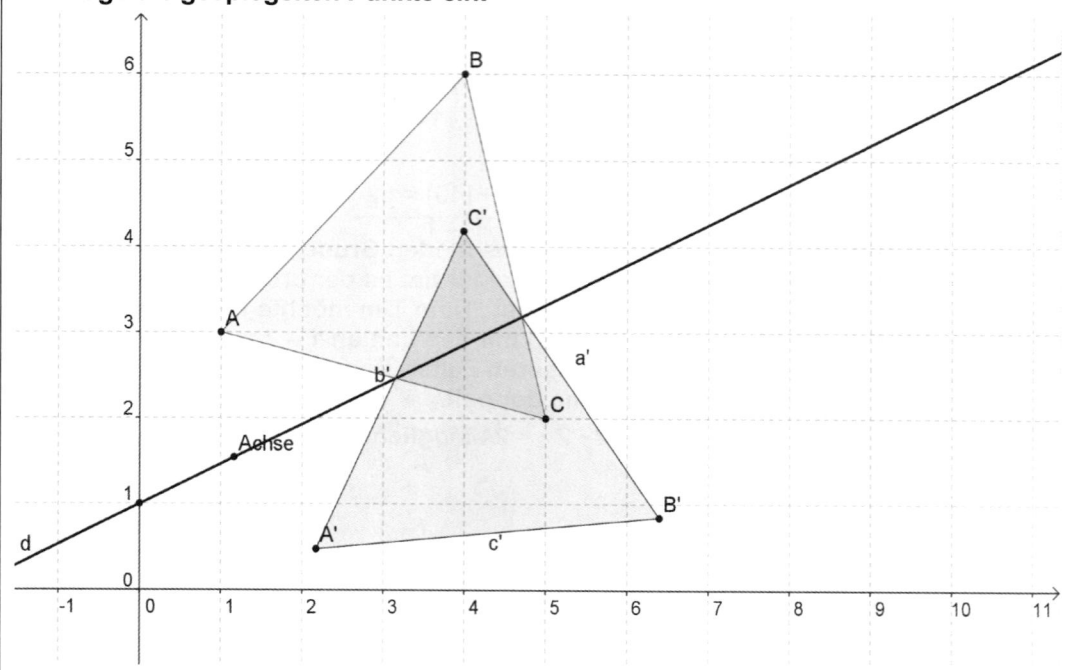

2) Zeichne auf die nächste Seite ein geeignetes Koordinatensystem und trage folgende Punkte ein: | 9

a) Quader / b) und c) eingezeichnet!

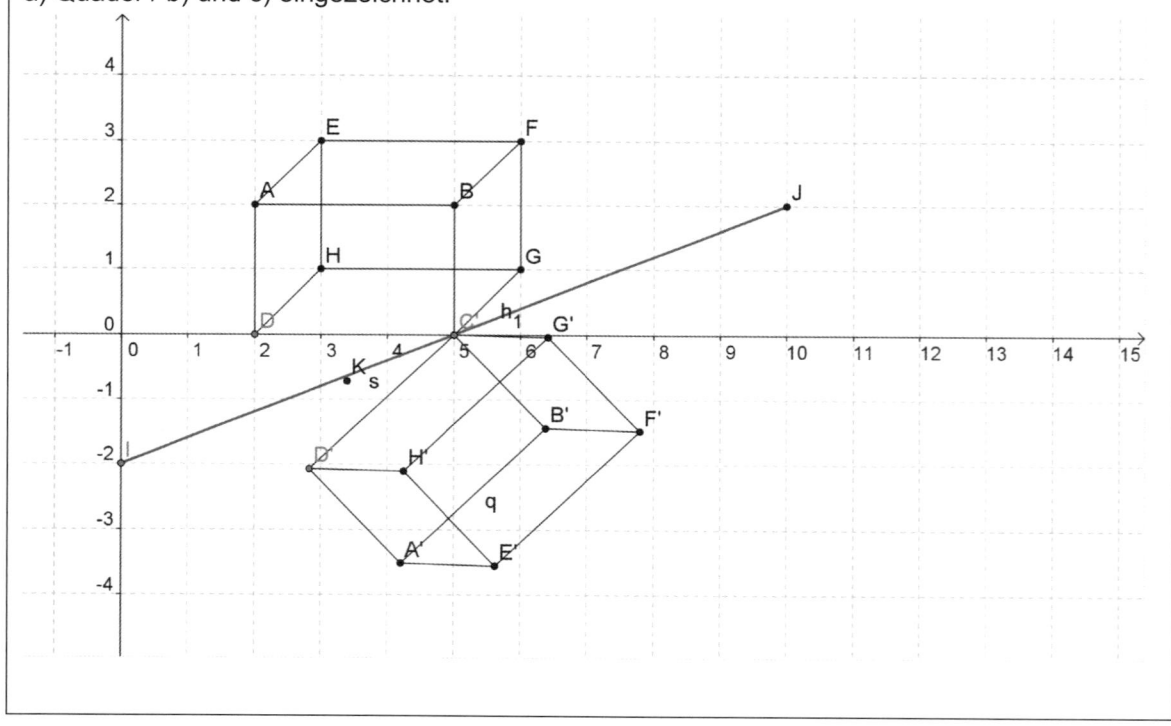

© M. Mandl, M. Reichel München – Jede Vervielfältigung ohne schriftliche Zustimmung ist unzulässig.

Lösungen — Seite: 117

10.15 Lösung zu 5.2 Schulaufgabe 3–1 – Rechnen mit Einheiten

1) Sortiere der Größe nach! Beginne mit der <u>kleinsten Einheit</u>! 100 cl 26 dl ½ l 1 ½ hl 1,5 l ¾ l 750 l 1/3 l 1/3 l – 1/2 l – 3/4 l – 100 cl – 1,5 l – 26 dl – 1,5 hl – 750 l	4
2) Setze den richtigen Operator ein: >, <, = ! a) 2500 cl **>** 2,5 dl b) 350 ml **<** ¾ l c) 0,33 l **>** ¼ l d) 0,8 l **=** 800 ml e) 50 l **>** 5000 ml f) 0,75 l **=** ¾ l	3

3) Wandle in die angegebenen Einheiten um!

3 m 40 cm	**340 cm**	634 l	**6,34 hl**
6 kg 29 g	**6029 g**	18 ½ m	**1850 cm**
82 hl 3 l	**8203 l**	83 cm	**830 mm**
7 t 74 kg	**7074 kg**	52 kg	**0,052 t**

Punkte: 4

4) Rechne um in die angegebene Einheit:

83 mm   = 8,3 cm
23 dm   = 230 cm
1 t   = 1000.000 g
½ t   = 500 kg
490 dm   = 0,049 km

Punkte: 5

5) Was ist genauso schwer wie ½ l Wasser, kreuze an!

- ☒ 500 g Wasser
- ○ ¼ l Wasser
- ○ 250 ml Wasser
- ☒ 500 ml Wasser

Punkte: 2

6) Rechne in die angegebene Einheit um!

s	min	min	h
540 s	**9 min**	180 min	**3 h**
660 s	**11 min**	330 min	**5,5 h**
480 s	8 min	**150 min**	2 ½ h
332 s	5 min 32 s	**585 min**	9 h 45 min

Punkte: 8

7) Rechne in die angegebene Einheit um!

ml	l	l	hl
30 ml	**0,030 l**	100 l	1 hl
750 ml	¾ l	10000 l	**100 hl**
10000 ml	10 l	50 l	**0,5 hl**
2500 ml	**2,5 l**	3050 l	30,5 hl

Punkte: 8

8) Ergänze die Tabelle entsprechend dem Beispiel in Spalte 2!

Beginn	*06:30 Uhr*	11:15 Uhr	**9:05 Uhr**	07:45 Uhr	04:46 Uhr
Ende	*10:43 Uhr*	13:23 Uhr	11:32 Uhr	**21:11 Uhr**	23:37 Uhr
Dauer	*4 h 13 min*	2 h 8 min	2 h 27 min	13 h 26 min	**18 h 51 min**

Punkte: 4

| Lösungen | Seite: 118 |

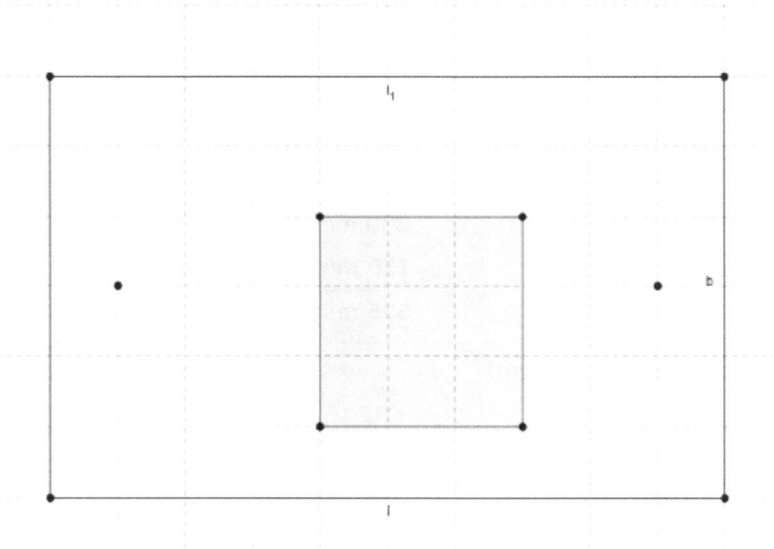

9) Ich habe folgende Kärtchen vor mir liegen und möchte damit sowohl die kleinste als auch die größte Zahl legen. Jede Zahl darf nur 1x verwendet werden! | 9 | 1 | 201 | 8 | 5 | Kleinste Zahl: **1201589** Größte Zahl: **9852011**	2
10) **Berechne**: (achte auf mögliche Rechenvorteile!) 18 h 24 min : 60 − 214 s = **18 min 24 s − 214 s =** (für diese Zeile gibt es 3 Punkte → du solltest erkennen, dass du hier einfach nur aus den Stunden Minuten und aus den Minuten Sekunden machen kannst, da durch 60 geteilt wird 1h : 60 = 1 min) 1080 s + 24 s − 214 s = (nun wandelst du in die kleinste Einheit (s) um und rechnest) 1104 s − 214 s = **890 s = 14 min 50 s** Natürlich hättest du hier auch von Anfang an alles in Sekunden umrechnen können, aber der Aufwand ist viel höher.	6

10.16 Lösung zu 5.3 Schulaufgabe 3–2 – Geometrie

1) Pauls Eltern wollen ein Haus bauen. Sie haben ein Grundstück mit der Länge l = 30 m und der Breite b = 18 m. Die Abstandsgrenzen zu den Nachbarn von 3 m links und rechts müssen eingehalten werden, der Abstand zur Straße beträgt 6 m. Das Haus soll eine Tiefe (Länge) von 12 m bekommen.	6
a) Erstelle eine Zeichnung im Maßstab 1:300.	4
b) Der Grundstückspreis pro m² beträgt 850,00 €. Wie viel mussten Pauls Eltern für das Grundstück bezahlen? Grundstücksgröße: A = l · b; A = 30 m · 18 m = 540 m² Preis für das Grundstück: 540 · 850,00 € = **459.000,00 €**	2

Lösungen
Seite: 119

2) Zeichne folgende Punkte in ein geeignetes Koordinatensystem!

a) A (0, − 2), B (4, − 2), C (6, + 2), D (2, + 2)

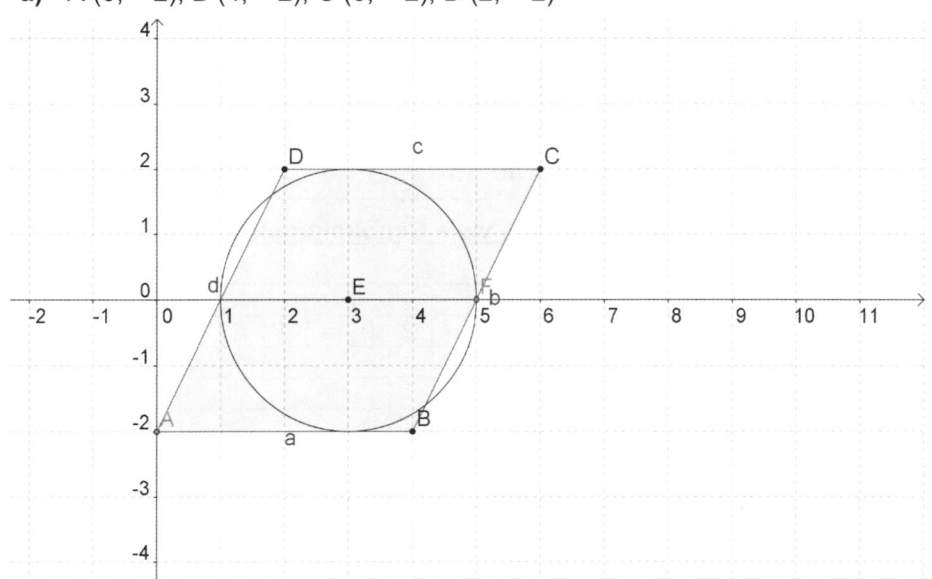

b) **Verbinde** die Punkte. Welche Figur entsteht?

Es entsteht ein: **Parallelogramm**

c) Benenne die **Strecken** der Figur! → siehe Zeichnung!

d) Zeichne den Punkt E(3,0) ein und nehme ihn als Mittelpunkt eines Kreises mit Radius 2 cm. Der Kreis hat einen Schnittpunkt in der Strecke **BC**. Nenne ihn **F** und gebe seine Koordinaten an! **Der Punkt F hat die Koordinaten F(5,0).**

3) **Berechne die Oberfläche eines Quaders mit folgenden Maßen:**

Länge: L = 1cm 5 mm   Breite: b = 2cm 5 mm   Höhe: h = 3 cm

Formel: O = 2 · (l · b + b · h + a · h)

- „O" ist die Oberfläche des Quaders
- „l" ist die Länge des Quaders
- „b" ist die Breite des Quaders
- „h" ist die Höhe des Quaders

O = 2 · (15 mm · 25 mm + 25 mm · 30 mm + 15 mm · 30 mm) =
  = 2 · (375 mm² + 750 mm² + 450 mm²)
  = 2 · 1575 mm² = **3150 mm²**

4) Wie lautet die Formel zur Ermittlung der Fläche eines Dreiecks?

Allgemeines Dreieck: A = (a · h_a) : 2

5) **Berechne:**

a) 7 m 3 dm − 5 m 4 dm : 4 =

7030 cm − (5040 cm : 4) = 7030 cm − 1260 cm = 5770 cm = **5 m 77 dm**

b) 48 min : 18 s =

48 min : 18 s = (48 · 60) s : 18 s = 2880 : 18 = **160**   (hier werden die Sekunden weggekürzt)

Lösungen   Seite: 120

6) Eine rechteckige Styropor-Platte ist <u>2m²</u> groß und <u>80 cm lang</u>. Wie breit ist diese Platte?

A = a · b → 20000 cm² = 80 cm · b   b = 250 cm = 2,5 m

7) Ein Rechteck ist 5 cm lang und 8 cm breit. Berechne den Umfang und den Flächeninhalt!

U = 2 · (5 cm + 8 cm) = 26 cm   A = 5 cm · 8 cm = 40 cm²

8) <u>20 Schokokugeln</u> wiegen etwa <u>48 g</u>. <u>Berechne, wie viele Schokokugeln</u> sich in einer <u>360-g-Packung</u> in etwa befinden.

```
  3 6 0 g : 4 8 g = 7,5      7,5 · 20 = 150
- 3 3 6                        1 5
    2 4 0
  - 2 4 0
        0
```

Antwort: **In einer 360 g Packung befinden sich ca. 150 Schokokugeln.**

10.17 Lösung zu 5.4 Schulaufgabe 3-3 – Geometrie

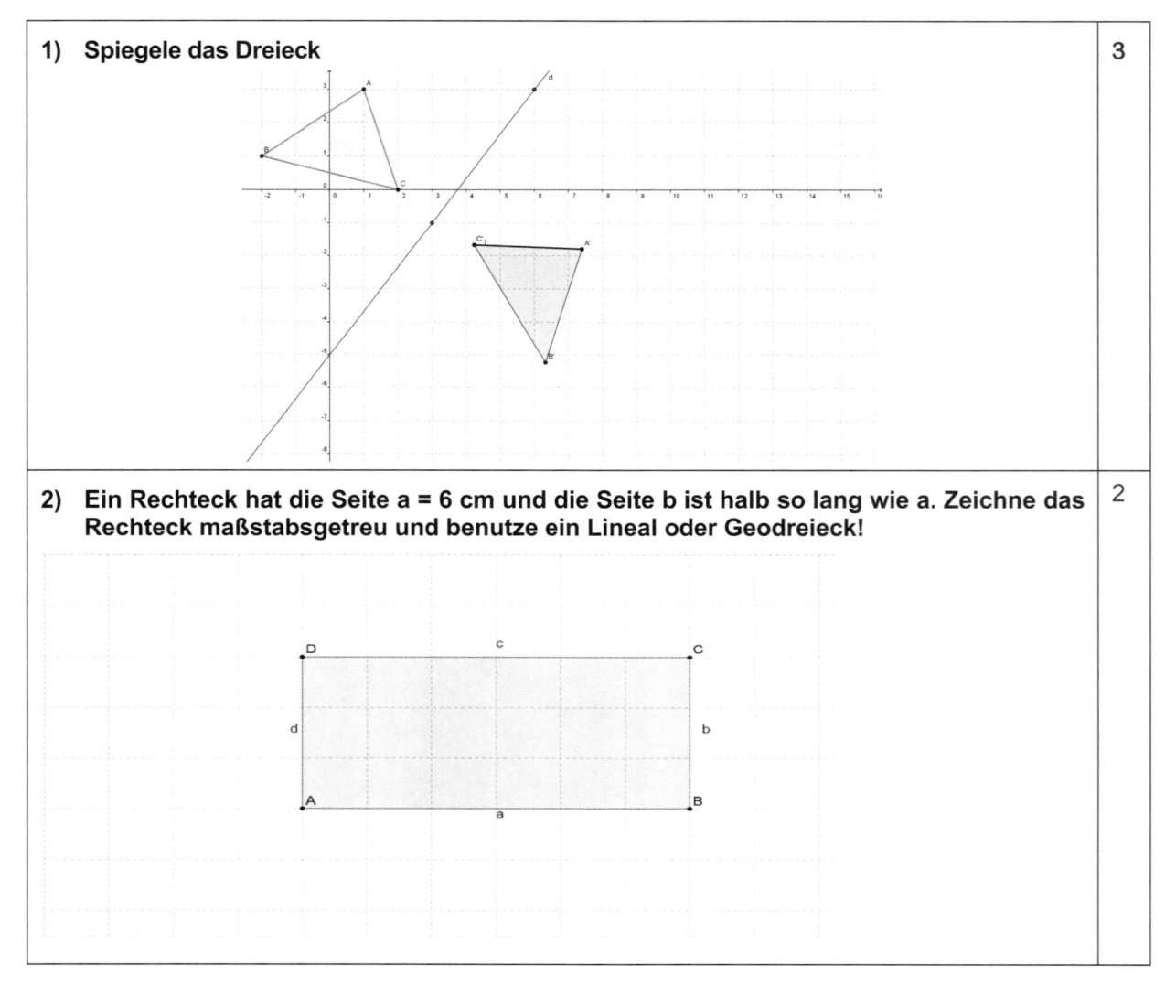

1) Spiegele das Dreieck

2) Ein Rechteck hat die Seite a = 6 cm und die Seite b ist halb so lang wie a. Zeichne das Rechteck maßstabsgetreu und benutze ein Lineal oder Geodreieck!

Lösungen	Seite: 121

3) Nenne zwei Körper, die keine Ecken haben! → Kugel, Zylinder	2
4) Familie Bauer möchte ein Haus bauen. Sie haben ein Grundstück mit der Länge l = 25 m und der Breite b = 15 m. Die Abstandsgrenzen zu den Nachbarn von 3 m links und rechts müssen eingehalten werden, der Abstand zur Straße beträgt 5 m. Das Haus soll eine Tiefe (Länge) von 10 bekommen.	8
a) Ermittle die Größe des Grundstücks. A = l · b A = 25 m · 15 m = __375 m²__	2
b) Wie groß ist die Grundfläche des Hauses? Hausbreite = Grundstücksbreite – 2 · 3 m → 15 m – 6 m = 9 m Grundfläche: 10 m · 9 m = __90 m²__	2
c) Wie viel Meter Maschendrahtzaun wird benötigt, um das ganze Grundstück einzuzäunen? Grundstücksumfang: U = 2 · (l + b) U = 2 · (25 m + 15 m) = 2 · 40 m = __80 m__ Es wird 80 m Maschendrahtzaun benötigt.	2
d) Wie viel kostet der gesamte Zaun, bei einem Preis von 8,50 € pro laufendem Meter? 80 · 8,50 € = __680,00 €__	2
5) Welche Körper kennst du, die weder Ecken noch Kanten haben! Kugel	1
6) Wie lautet die Formel zur Flächenberechnung a) eines Rechteckes? A = l · b b) eines rechtwinkligen Dreiecks? A = (l · b) : 2	2
7) Zeichne: a) Zeichne eine Gerade h, die parallel zu g ist. b) Zeichne eine Gerade k, die senkrecht zu g ist. [Zeichnung: Geraden g, h (parallel), k (senkrecht)] c) Wie weit ist der **Punkt P** von der **Geraden g** entfernt? Zeichne den Abstand ein. [Zeichnung: Gerade g, Punkt P, Abstand ca. 1 cm]	4 1 1 2

Lösungen   Seite: 122

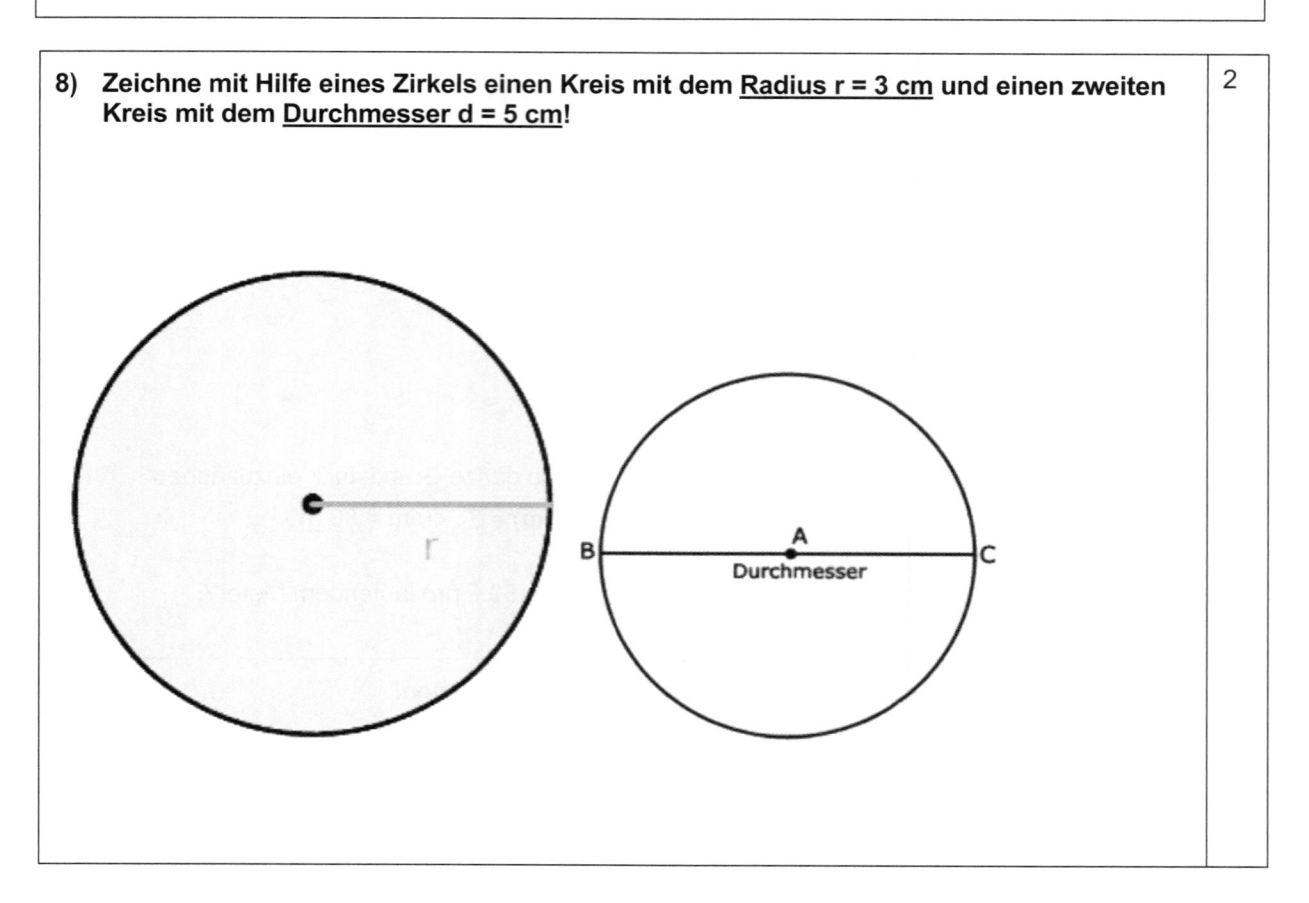

8) Zeichne mit Hilfe eines Zirkels einen Kreis mit dem <u>Radius r = 3 cm</u> und einen zweiten Kreis mit dem <u>Durchmesser d = 5 cm</u>!

10.18 Lösung zu 5.5 Schulaufgabe 3–4 – Geometrie

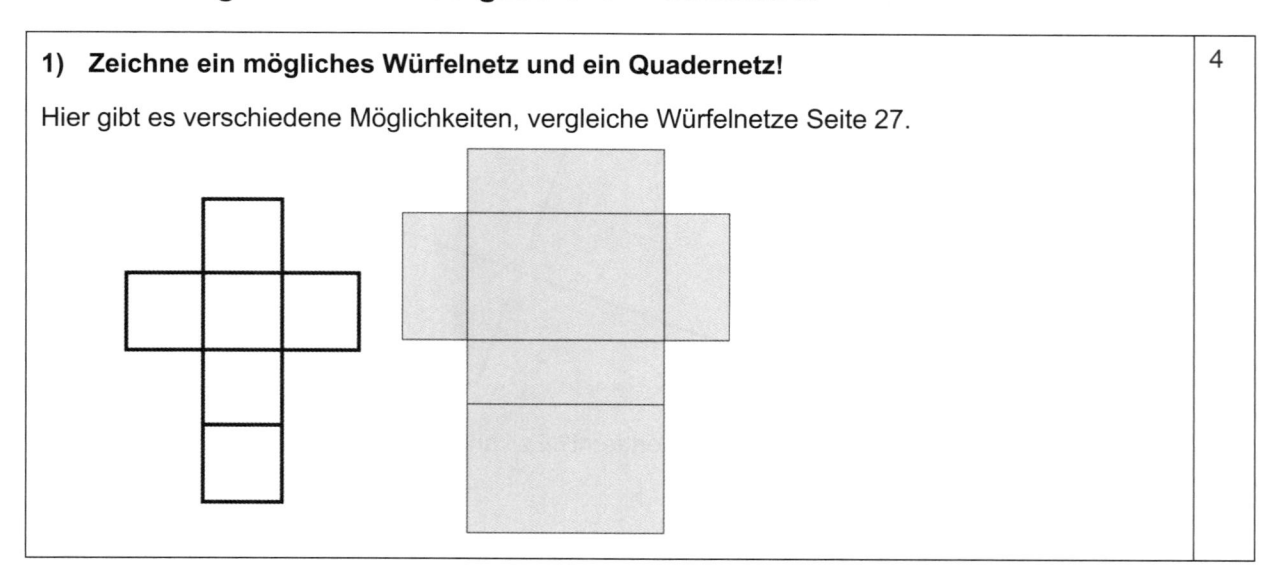

1) Zeichne ein mögliches Würfelnetz und ein Quadernetz!

Hier gibt es verschiedene Möglichkeiten, vergleiche Würfelnetze Seite 27.

Lösungen   Seite: 123

2) Gegeben ist der Punkt A (2,3). Die Strecke AB ist 2 cm lang, wobei du B frei wählen kannst. Kennzeichne alle Punkte in einer Farbe – außer rot – die

a) mindestens 2 cm von B entfernt sind und

b) weniger als 3 cm von A entfernt sind.

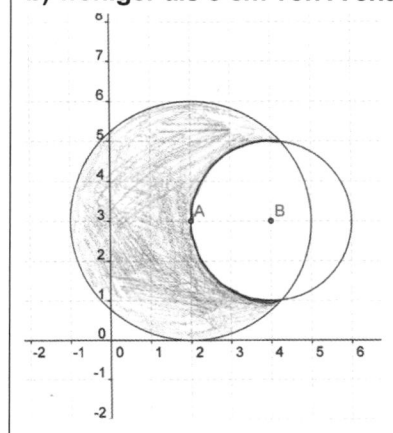

3) Berechne den Wert des Terms

a) 98 – (135 – 45)   = 98 – 90   = **8**

b) (155 – 85) + 33   = 70 + 33   = **103**

c) (934 – 497) – 34 = 437 – 34   = **403**

d) 876 – (636 – 173) = 876 – 463 = **413**

e) 375 + (723 – 472) = 375 + 251 = **626**

4) Zeichne drei Geraden

a) Mit 0 Schnittpunkten   b) mit 1 Schnittpunkt 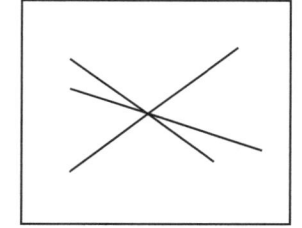   c) mit 2 Schnittpunkten

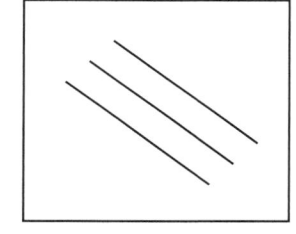

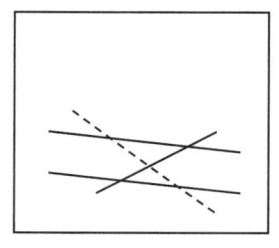

d) Ergänze die Zeichnung c um eine weitere Gerade, sodass die maximal mögliche Anzahl an Schnittpunkten entsteht.   Siehe: – – – – – – – Linie → Drei weitere Schnittpunkte.

e) Versuche zu erklären, wie du eine vierte Gerade eintragen müsstest, um möglichst wenig Schnittpunkte zu erhalten. Du kannst auch eine Zeichnung machen.

Siehe: – – – – – – – Linie → Du musst die vierte Gerade parallel zu den ersten zwei Parallelen ansetzen, damit hast du nur einen weiteren Schnittpunkt.

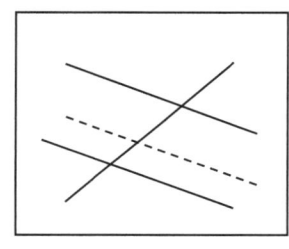

Lösungen

Seite: 124

5) In einem Koordinatensystem liegen folgende Punkte:
- A = (−2,1)
- B = (2,1)
- C = (3,3)
- S = (1,3)
- D = (0,4)

a) Zeichne die Punkte in ein geeignetes Koordinatensystem ein!
   Zeichne die Strecken AS und BS ein und benenne sie.
   Bestimme den Winkel α = ∢ ASB.

b) Zeichne in dasselbe Koordinatensystem den Punkt D = (0/4) ein. Zeichne die Strecken SD und SC ein. Bestimme den Winkel ß = ∢ CSD.

c) Benenne die Art der beiden Winkel. Begründe!

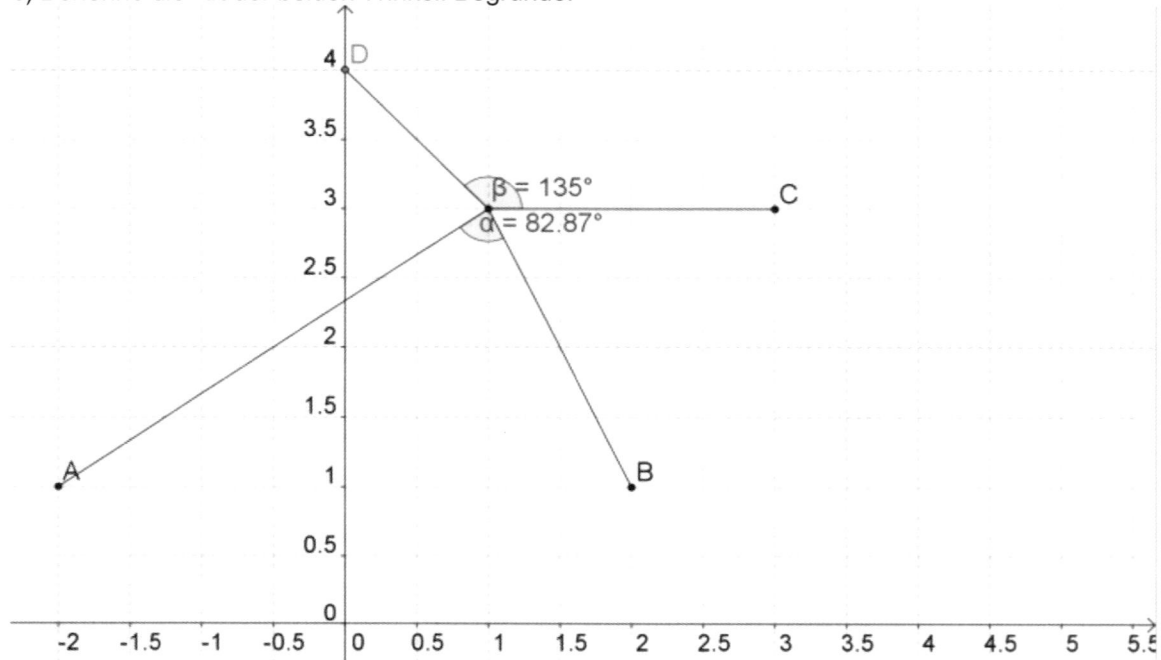

a) und b) sind eingezeichnet!

c) Winkel α = ∢ A,S,B. = 82,87 ° = spitzer Winkel, da sein Wert zwischen 0° und 90° liegt

Winkel ß = ∢ CSD. = 135 ° = stumpfer Winkel, weil sein Wert zwischen 90° und 180° ist.

Lösungen   Seite: 125

10.20 Lösung zu 6.1 Schulaufgabe 4–1 – Zerlegung ganzer Zahlen

1) Rechne im Kopf!		8
5 · 8000 = **40000** 8 · 7000 = **56000** 50 · 50 = **2500** 840 : 7 = **120** 10^3 = **1000** 66000 : 60 = **1100** 15^2 = **225** 70 · 70 = **4900**		

2) Multipliziere die Sum*me aus 15 und 45* mit der <u>Differenz aus 648 und 348</u>. *Addiere* zum Ergebnis das <u>Doppelte von 11000</u>. <u>Dividiere</u> das <u>Ergebnis durch 80</u>! Welche Zahl erhältst du? [(15 + 45) · (648 − 348)] + 2 · 11000 = 60 · 300 + 22000 = 18000 + 22000 = 40000 40000 : 80 = **500** → Die gesuchte Zahl lautet 500;	5

3) Wann ist eine Zahl durch 12 teilbar? Eine Zahl ist durch 12 teilbar, wenn sie sowohl durch 3 als auch durch 4 teilbar ist!	1

4) Dividiere die Summe von 121 und 23 mit der Gegenzahl von 12. 121 + 23 = **144**; 144 : (−12) = **−12**	2

5) Wann entspricht das kgV zweier Zahlen dem Produkt dieser Zahlen? Lass dir ein Beispiel einfallen. Das kgV zweier Zahlen entspricht dem Produkt dieser Zahlen, wenn sie **teilerfremd** sind. Bsp.: **6 und 35; 25 und 81** ...	2

6) Zerlege in Primfaktoren und stelle diese in Potenzschreibweise dar. a) 3510 = 2 · 3 · 5 · 3 · 3 · 13 = **2 · 3^3 · 5 · 13** b) 616 = 2 · 2 · 2 · 7 · 11 = **2^3 · 7 · 11** c) 7128 = 2 · 2 · 2 · 3 · 3 · 3 · 3 · 11 = **2^3 · 3^4 · 11**	6

7) Bestimme die folgenden Teilermengen: a) T_{24} b) T_{92} c) T_{38} a) T_{24} = {1, 2, 3, 4, 6, 8, 12, 24} b) T_{92} = {1, 92, 2, 46, 4, 23} c) T_{38} = {1, 38, 2, 19}	3

8) Gib die Lösungsmenge folgender Ungleichungen an: a) 5x + 42 > 65 **5x > 23** (= 65 − 42) → x > 23 : 5; → L = { **x > 5** } b) 200 − 4x > 100 (200 − 100 =) **100 > 4x** → 100:4>x; → L = { **x < 25** } c) 1200 + 3x < 2400 **3x < 1200** (= 2400 − 1200) → x < 1200:3; → L = { **x < 400**}	3

9) Setze eine passende ganze Zahl, für die das Gleichheitszeichen zu Recht steht! a) 12 · (−6) = **−72** b) −13 · (−5) = **65** c) 14 · (−14) = **−196**	3

10) Prüfe, ob die Zahlen gemeinsame Teiler außer 1 haben. a) 15 und 25 T = {5} b) 19 und 130 T = { } c) 121 und 33 T = {11} d) 17 und 125 T = { } e) 225 und 15 T = {3, 5, 15} f) 63 und 9 T = {3, 9}	6

© M. Mandl, M. Reichel München – Jede Vervielfältigung ohne schriftliche Zustimmung ist unzulässig.

Lösungen — Seite: 126

11) Wie viele vierstellige Zahlen lassen sich aus den Ziffern 1 bis 9 bilden,

a) ... wenn jede Ziffer nur einmal auftreten darf?

	Ziffer 1	Ziffer 2	Ziffer 3	Ziffer 4
Möglichkeiten	9	8	7	6

In der Kombinatorik musst du die Anzahl der Möglichkeiten miteinander multiplizieren, um die Anzahl der Kombinationsmöglichkeiten zu erhalten. Da du dieselbe Ziffer nicht mehrfach verwenden darfst, wird die Anzahl der Möglichkeit pro Stelle immer um eins weniger.

→ 9 · 8 · 7 · 6 = **3024**

b) ... wenn jede Ziffer beliebig oft vorkommen darf?

	Ziffer 1	Ziffer 2	Ziffer 3	Ziffer 4
Möglichkeiten	9	9	9	9

Hier bleibt die Anzahl der Möglichkeiten immer gleich also 9, somit rechnest du:

9 · 9 · 9 · 9 = **6561**

10.21 Lösung zu 6.2 Schulaufgabe 4–2 – Zerlegung ganzer Zahlen

1) Rechne im Kopf!

a) 15 · 15 = **225**
b) 33 · 900 = **29700**
c) 64000 : 8 = **8000**
d) 196 : 14 = **14**

2) Stelle eine Regel auf, wie du prüfen kannst, ob eine Zahl durch 15 teilbar ist.
Wende deine Regel auf die Zahl 38790 an
Lösung: **Eine Zahl ist durch 15 teilbar, wenn sie durch 5 und durch 3 teilbar ist.**
38790 → Quersumme = 27 → ist durch 3 teilbar;
Da die Zahl auf 0 endet, ist sie auch durch 5 teilbar und somit auch durch 15!

3) Primfaktorenzerlegung!

a) 453 = **3 · 151**
b) 34251 = **3 · 7 · 7 · 233**
c) 2310 = **2 · 3 · 5 · 7 · 11**
d) 4301 = **11 · 17 · 23**
e) 8602 = **2 · 11 · 17 · 23**

4) Rechne den Term aus!

$[(5^3 + 2^3 - 3) : 65 \cdot 2] + 404 : 4 - (9^2 - 4^2) + (-3)^2 - 7^2 =$

$[(125 + 8 - 3) : 65 \cdot 2] + 101 - (81 - 16) + 9 - 49 =$

$[130 : 65 \cdot 2] + (101 - 65 - 40) = 4 + (-4) = \underline{\underline{0}}$

Lösungen	Seite: 127

5) Das Dreifache meiner Zahl erhöht um 27 ergibt 78. Wie lautet die Zahl? Setze den Term auf und rechne! $3 \cdot x + 27 = 78 \mid -27 \qquad 3 \cdot x = 78 - 27 = 51 \mid : 3 \rightarrow x = 51 : 3 = \underline{17}$. Probe: $3 \cdot 17 + 27 = 51 + 27 = 78$	3
6) Schreibe die ersten fünf Vielfachen auf und bestimme das kleinste gemeinsame Vielfache (kgV). a) 6 und 10 Vielfache: **30, 60, 90, 120, 150** → **kgV(30)** b) 3 und 7 Vielfache: **21, 42, 63, 84, 105** → **kgV(21)**	6
7) Welche Zahlen sind durch 4 teilbar? Eine Zahl ist durch 4 teilbar, wenn die letzten <u>zwei Ziffern</u> eine Zahl ergeben, die <u>durch 4 teilbar</u> ist, denn alle Vielfachen von 100 sind durch 4 teilbar! a) 95, 4544, 3236 45**44**, 32**36** b) 123456, 675300 1234**56**, 675**300** c) 126, 2812, 36954 28**12**	3
8) Ersetze die fehlenden Ziffern so, dass die Zahlen durch 8 teilbar sind. Eine Zahl ist durch 8 teilbar, wenn die <u>letzten drei Ziffern</u> eine Zahl ergeben, die <u>durch 8 teilbar</u> ist denn alle Vielfachen von 1000 sind durch 8 teilbar. a) 1__2__4 Die zweite Ziffer kann <u>beliebig (0-9)</u> sein; 1**0**224, 1**1**264, 1**2**224 ... b) 74__ 74**4** c) 321__ 321**6**	4
9) Multipliziere die Summe von 25 und 4 mit der Gegenzahl von –7. $(25 + 4) \cdot 7 = 29 \cdot 7 = 203$	2
10) Eine zehnstellige Zahl besteht aus lauter verschiedenen Zahlen. Kann diese Zahl eine Primzahl sein? Begründe deine Aussage. 1234567890 → Quersumme = 45 → Da die Quersumme durch 3 und 9 teilbar ist, kann es sich, egal, um welche Zahlenanordnung es sich handelt, **nicht** um eine Primzahl handeln!	2
11) Wann ist eine sechsstellige Zahl durch 8 teilbar? Die Zahl ist durch 8 teilbar, wenn ihre letzten drei Ziffern eine Zahl ergeben, die durch 8 teilbar ist!	1

10.22 Lösung zu 6.3 Schulaufgabe 4–3 – Zerlegung ganzer Zahlen

1) Rechne den Term aus! $(475 - 4^3 \cdot 3^2) \cdot [-6804 : 12 + (-12) \cdot (77 - 17 \cdot 4)] =$ $(475 - 64 \cdot 9) \cdot [-567 + (-12) \cdot (77 - 68)] =$ $(475 - 576) \cdot [-567 + (-12) \cdot 9] = -481 \cdot [-567 - 108] =$ $-101 \cdot -675 = \mathbf{68175}$	8
2) Primfaktorenzerlegung, verwende die Potenzschreibweise! a) 568 $= 2 \cdot 2 \cdot 2 \cdot 71 = 2^3 \cdot 71$ b) 6972 $= 2 \cdot 2 \cdot 3 \cdot 7 \cdot 83 = 2^2 \cdot 3 \cdot 7 \cdot 83$ c) 28945 $= 5 \cdot 7 \cdot 827$ d) 2365 $= 5 \cdot 11 \cdot 43$	4
3) Berechne: a) $48923 - 7892 - 35028 = \mathbf{6003}$ b) $458 \cdot 892 = \mathbf{408536}$ c) $101822 : 49 = \mathbf{2078}$ d) $18 - (37 + 13) : 5 = \mathbf{8}$	4
4) Bestimme die gemeinsamen Teiler und das kgV von folgenden Zahlen. a) 15 und 20 T: {1, 5} kgV: 60 b) 30 und 40 T: {1, 2, 5, 10} kgV: 120 c) 10, 12 und 15 T: {1} kgV: 60	6
5) Grundwissen: Rechne den Term aus! $[(107 - 2^3) : 11 - 11] \cdot (10)^2 = [((107 - 8)] : 11) - 11] \cdot 100 = [(99 : 11) - 11] \cdot 100 =$ $[9 - 11] \cdot 100 = -2 \cdot 100 = \underline{\mathbf{-200}}$	5
6) Schreibe in die Lücke die korrekte Zahl aus der Liste, damit die Aussage richtig ist. a) $100 : (\underline{\mathbf{13}} - 12) = 100$ ($\rightarrow 100:1=100$) 12 **13** 11 -1 -12 100 b) 40 Milliarden kann man schreiben als → mache ein Kreuz unter alle richtigen Möglichkeiten. $4000 \cdot 10^3$ $4 \cdot 10^7$ $40 \cdot 10^6$ $40 \cdot 10^8$ $10 \cdot 10^4$ - **x** **x** - - 4.000.000 **40.000.000** **40.000.000** 4.000.000.000 100.000 Schreibe zunächst 40 Milliarden = **40.000.000** als Zahl auf und zähle die Nullen → bei der 10er Potenz muss die Anzahl der angegebenen Nullen plus des Exponenten **7** ergeben	4

| Lösungen | Seite: 129 |

7) Unterwegs mit dem Flugzeug!

Paul fliegt von Memmingen nach London. Er stellt fest, dass die Außentemperatur pro Höhenkilometer konstant abnimmt.

Flugzeugtyp:	Airbus 350
Flughöhe:	11600 m
Geschwindigkeit:	845 km/h
Außentemperatur:	-57 °C
Windgeschwindigkeit:	86 km/h

8

a) Memmingen befindet sich in etwa 600 m über dem Meeresspiegel. Beim Abflug lag die Außentemperatur bei 20 Grad Celsius. Gib an, wie stark die Temperatur pro Höhenkilometer abnimmt.

Höhendifferenz: 11600 m – 600 m = <u>11000 m</u>

Temperaturdiff.: 20°C – (–57 °C) = 20 °C + 57 °C = <u>77 °C</u>

11000 m = <u>11 km</u> **77 °C : 11KM = 7 °C/km**

Pro Kilometer sinkt die Temperatur um 7 °C.

3

b) Während des Landeanflugs überlegt Paul, wie kalt es wohl bei einer Flughöhe von 5 km ist.

11 km – 5 km = 6 km → 6 · 7 °C = 42 °C   –57 °C + 42 °C = –15 °C

In 5 km Höhe herrscht eine Außentemperatur von –15 °C

2

c) Tatsächlich hat es beim Landeanflug in 5 km Höhe -19 °C. Erläutere die Abweichung. Berechne die Temperatur, die bei der Landung in London herrscht, wobei London in etwa auf Höhe des Meeresspiegels liegt.

Der Temperaturunterschied ergibt sich dadurch, dass London deutlich **nördlicher** als Memmingen liegt.

Temperatur in London:

→ 5 · 7 °C = 35 °C;   -19 °C + 35 °C = <u>**17 °C**</u>

In London hat es 17 °C.

3

Lösungen — Seite: 130

10.23 Lösung zu 6.4 Schulaufgabe 4–4 – Terme / Einheiten

1) Rechne den Term aus und achte auf mögliche Rechenvorteile! $[219480 - (236 + (58 \cdot 118))] : 12 =$ $[219480 - (236 + (6844))] : 12 =$ $[219480 - 7080] : 12 =$ **$212400 : 12 = \underline{17700}$**	5
2) Schreibe den zugehörigen Term mit allen notwendigen Klammern auf und berechne: a) **Multipliziere** den Quotienten der Zahlen 1200 und 24 mit der *Differenz der Zahlen 2046 und 2029* und **addiere** die Hälfte von 300! $(\underline{1200:24}) \cdot (\underline{2046-2029}) + \underline{300:2} = 50 \cdot 17 + 150 = 850 + 150 = \mathbf{1000}$ b) **Dividiere** die *achtfache* Summe der Zahlen 37 und 65 durch die *dreifache* Differenz der Zahlen 73 und 65. $[8 \cdot (\underline{37+65})] : [3 \cdot (\underline{73-65})] = [8 \cdot (\underline{102})] : [3 \cdot (\underline{8})] = 816 : 24 = \underline{\mathbf{34}}$	10

3) Kreuze an, welche Teiler die Zahl besitzt. Denke an die gelernten Teilbarkeitsregeln.   6

	2	3	4	5	6	10	12	15
714	x	x			x			
1560	x	x	x	x	x	x	x	x
9000	x	x	x	x	x	x	x	x
65432	x		x					
123465		x		x				x

4) Rechnen mit Einheiten:
a) Gib den Wert in der in Klammern angegebenen Einheit an:
636 kg 8 g [g]   **636.008 g**
42 m 4 cm [cm]   **4.204 cm**
1 d 6h 25 min [min]   24h 6 h 25 min = (24 · 60 min) + (6 · 60 min) + 25 min =
    1.440 min + 360 min + 25 min = **1.825 min**   (2 P)
1 ha 25 m² [dm²];   1 ha = 10.000 m² ; 1 m² = 100 dm²
    1.000.000 dm² + 2.500 dm² = **1.002.500 dm²**
3 m² [cm²]   **30.000 cm²**
b) Runde auf ganze Meter:
32545 cm   325,45 m ≈ **325 m**
23526 mm   23,526 m ≈ **26 m**
c) Berechne:
7 m 2 dm – 3 m 4 cm : 4 =   720 cm – (304 cm : 4) = 720 cm – 76 cm = **644 cm** ≈ **6,5 m**
24 min : 18 s = (24 · 60) s̶ : 18 s̶ = 1440 : 18 = **80** (hier gibt es im Ergebnis keine Einheit mehr!)
	10

5) Berechne, achte auf mögliche Rechenvorteile! $(-8)^3 - 2 \cdot [1512 : 27 - 5 \cdot (-2)^2] =$ $-512 - (2 \cdot [56 - (5 \cdot 4)]) = -512 - 2 \cdot [56 - 20] = -512 - (2 \cdot 36) = -512 - 72 = \underline{\mathbf{-584}}$	5
6) Auf einer Hühnerfarm werden heute 3884 Eier in Kartons zu 6 bzw. 10 Eiern verpackt. 230 Zehnerkartons sind bereits gefüllt, der Rest wird in Sechserkartons verpackt. Wie viele Sechserkartons müssen befüllt werden? **Lösung:** x · 6 + 230 · 10 = **3884** x · 6 = 3884 – 2300 = **1584** ; x = 1584 : 6 = **264**	3

Lösungen — Seite: 131

10.24 Lösung zu 7.0 Knacknüsse – zu allem ein bisschen

1) **Primzahlen sind:** ☑ Jede positive ganze Zahl die > 1 ist und nur durch 1 und durch sich selber teilbar ist.	1
2) *Eratosthenes von Kyrene* hat ein Prinzip herausgefunden, wie man Primzahlen erkennen kann. ☑ richtig	1
3) **Wie viele Teiler hat die Zahl 10?** ☑ 4 (→ 1, 2, 5, 10)	1
4) **Wie viele Teiler haben Primzahlen?** ☑ zwei (1 und sich selbst!)	1
5) **Ist die Zahl 143265870 durch 25 teilbar? Wenn nicht, woran kann man das erkennen?** Nein, weil die Zahl, die die letzten beiden Ziffern ergeben, nicht durch 25 teilbar ist.	1
6) **Wie lautet die Quersumme der Zahl: 123456789?** Die Quersumme lautet **45**.	1
7) **Wann ist eine Zahl durch 3 teilbar? Erkläre und nenne ein Beispiel mit einer dreistelligen Zahl!** Eine Zahl ist durch 3 teilbar, wenn ihre **Quersumme durch drei teilbar** ist. Beispiel: 123 → Quersumme: 1 + 2 + 3 = 6, 6 : 2 = 3, **123 : 3 = 41** weitere Beispiele: 222, 333, 666, 999, 204, 207, 213, 216, 219, 309, 402, 702, 912, 930 ...	2
8) **Welche Zahl kannst du in die Leerstelle einfügen, sodass diese Zahl durch 5 teilbar ist: 125__7** ☑ keine (→ Die letzte Ziffer müsste eine 0 oder eine 5 sein, um durch 5 teilbar zu sein.)	1
9) **Wann ist eine Zahl durch 5 teilbar?** Eine Zahl ist durch 5 teilbar, wenn die letzte Ziffer eine 0 oder eine 5 ist.	1
10) **Schreibe die Zahl 1968 in römischen Ziffern auf:** 1968 lautet als römische Zahl **MCMLXVIII**.	1
11) **Wie ist die römische Schreibweise von 44?** 44 → **XLIV**	1
12) **Was bedeutet MCM?** MCM ist die römische Zahl für → ☑ 1900	1
13) **Was bedeutet folgende römische Zahl?** L → **50**	1
14) **Schreibe 1870 als römische Zahl auf:** → **MDCCCLXX**	1
15) **Wie lautet das Gründungsdatum, an welchem Romulus Rom ausrief, in römischen Ziffern?** 753 → **DCCLIII**	1
16) **Was bedeutet die römische Zahl XLVI?** ☑ 46, denn 50 + 6 − 10 = 46	1
17) **Schreibe 2010 als römische auf.** → **MMX**	1
18) **333 in römischen Ziffern schreibt man: CCCXXXIII**	1

© M. Mandl, M. Reichel München – Jede Vervielfältigung ohne schriftliche Zustimmung ist unzulässig.

Lösungen	Seite: 132

19) Du hast vier verschiedenfarbige Kugeln. Wie viele Möglichkeiten zur Anordnung der Kugeln gibt es? — 2

1. Platz	2. Platz	3. Platz	4. Platz
4	3	2	1

[4! =] **4 · 3 · 2 · 1 = 24** → Es gibt 24 Möglichkeiten die Kugeln anzuordnen.

20) Spiegele das Dreieck an der Geraden d! — 2

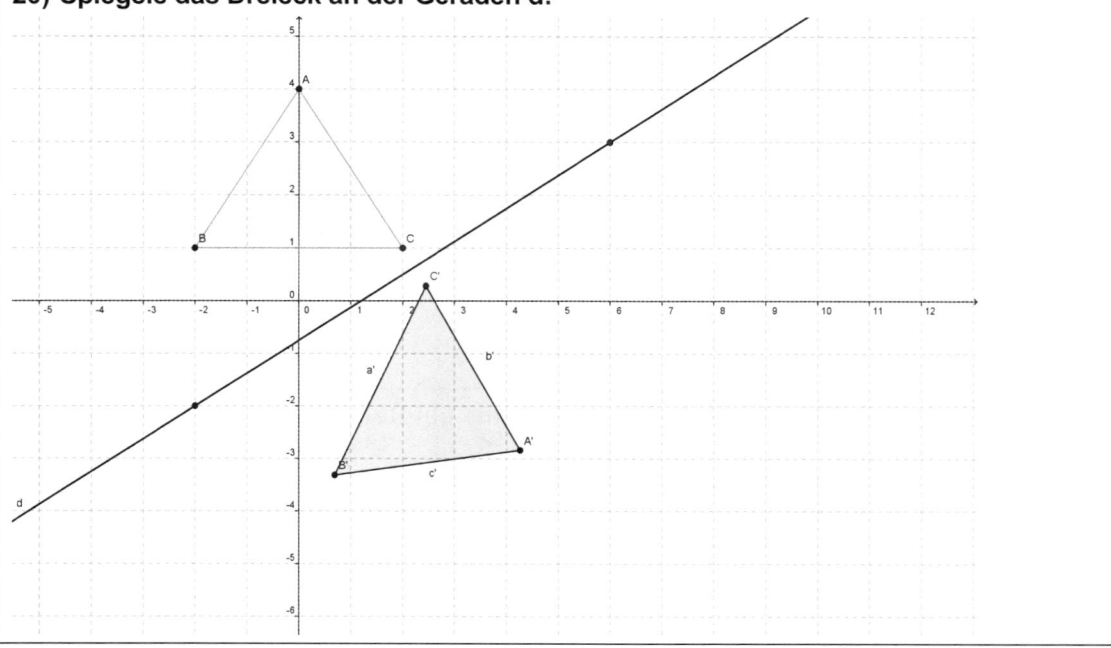

21) Verbinde die Punkte und benenne die Strecken. Welche Figur entsteht? Spiegele sie an der Geraden a. — 3

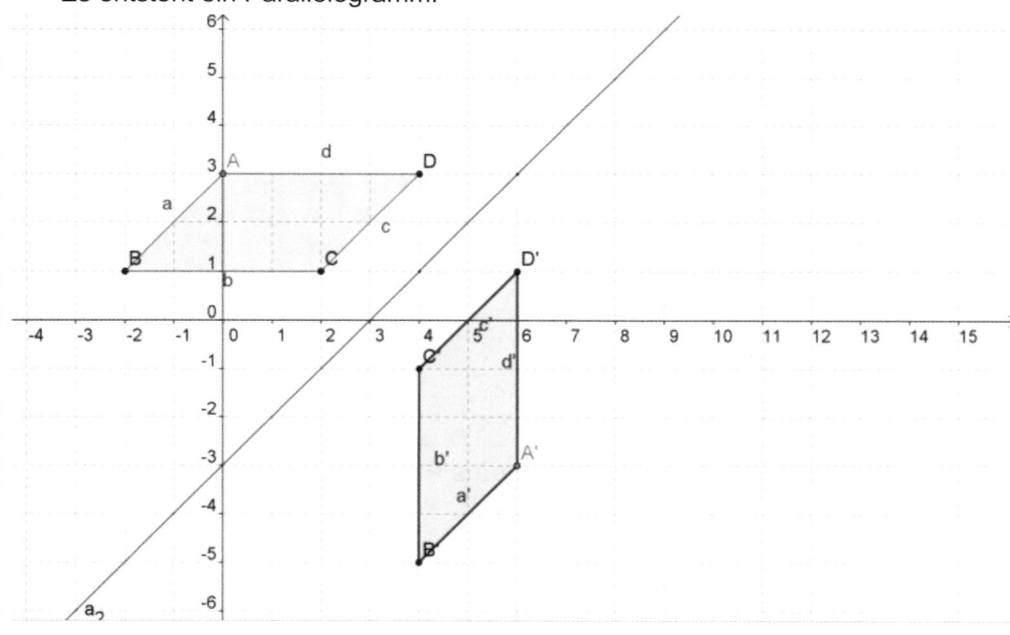

Es entsteht ein Parallelogramm.

22) Welche der vier Rechnungen hat das höchste Ergebnis? — 1

☑ (C) = (2 + 0) · (4 + 0)   →   [= 2 · 4 = 8]

© M. Mandl, M. Reichel München – Jede Vervielfältigung ohne schriftliche Zustimmung ist unzulässig.

Lösungen	Seite: 133

23) Linus malt Störche an .... Wie malt er den 22. Storch an? → Er malt den 22. Storch **gelb** an.	1
24) Leonie und Pauline waren gemeinsam auf Klassenfahrt. Sie kleben ihre Fotos ein und bemalen ihr Fotoalbum. Gemeinsam haben sie <u>108 Bilder</u>. Leonie hat aber <u>18 mehr</u> gemacht. Pauline will wissen <u>wie viele Fotos</u> sie hat. Welche Rechnung ist richtig? ☑ (108 – 18) : 2	1
25) <u>Wie viele Dreiecke</u> kannst du in diesem Bild finden, <u>deren Flächen ebenso groß sind, wie die Fläche des dick gekennzeichneten Vierecks</u> im Bild unten links? → 4 Dreiecke	4
26) Berechne: (achte auf mögliche Rechenvorteile!) 12 ha 20 ar : 100 – 550 m = 12 ar 20 km – 550 m = (Für diese Zeile gibt es 2 Punkte. Du solltest erkennen, dass die Umrechnungszahl der Einheiten hier 100 ist und du bei Division durch 100 einfach aus ha → ar machst und aus ar→km!) 1220 km – 550 m = **1.219,45 km** (oder = 1.220.000 m – 550 m = **1.219.450 m**)	4
27) Wie oft passt das Viereck A1 (rechts im Eck) in das große „Viereck"? 4 · 4 = 16 Kästchen	4

© M. Mandl, M. Reichel München – Jede Vervielfältigung ohne schriftliche Zustimmung ist unzulässig.

Lösungen — Seite: 134

28) Familie Bauer möchte ihre neue Terrasse verlegen. Hierzu werden die Platten von einem LKW mit einer <u>Gewichtszulassung von 7,8 t</u> transportiert.
Es werden <u>90 Paletten</u> mit <u>jeweils 20 Platten</u> geliefert. Eine Platte wiegt <u>18 kg</u>.
Welches Gewicht hat eine Palette und wie oft muss der LKW fahren?

18 kg · 20 = <u>**360 kg**</u> → **Eine Palette wiegt 360 kg.**

360 kg · 90 = <u>**32400 kg**</u> → Gesamtgewicht beträgt **32,4 t**

32400 : 7800 = → mit 100 kürzen, d. h. du streichst auf beiden Seiten zwei Nullen.

324 : 78 = ca. 4,15 → 4,15 muss für das Endergebnis auf 5 aufgerundet werden.
− 312
_____
   12

Der LKW muss <u>fünfmal</u> fahren, um alle Platten zu liefern.

[4]

29) Schreibe die Zahlen aus!

<u>Tipp</u>: Trage dir unbedingt die Tausender–Punkte ein, dann sind die Zahlen deutlich leichter zu lesen!

a) 130.092.106.432 = **Hundertdreißigmilliarden–zweiundneunzigmillionen–einhundertsechstausend–vierhundertzweiunddreißig**

b) 97.002.123.442.337 = **Siebenundneunzigbillionen–zweimilliarden–einhundertdreiundzwanzigmilionen–vierhundertzweiundvierzigtausend–dreihundertsiebenunddreißig**

[2]

30) Julius und Linus addieren gerne die Zahlen auf ihrer Digitaluhr:
Julius sucht die größte mögliche Summe und Linus die kleinste mögliche Summe aus.

Julius **19:59** → 0 + 9 + 5 + 9 = **24**

Linus: **00:00** → 0 + 0 + 0 + 0 = **0**

[2]

© M. Mandl, M. Reichel München – Jede Vervielfältigung ohne schriftliche Zustimmung ist unzulässig.

| | Lösungen | | Seite: 135 |

10.25 Lösungen zum Einmaleins

Übung 1:

12 · 4 = 48	14 · 8 = 112	15 · 9 = 135
5 · 14 = 70	12 · 9 = 108	14 · 8 = 112
3 · 15 = 45	4 · 17 = 68	13 · 7 = 91
17 · 8 = 136	7 · 16 = 112	2 · 60 = 120
9 · 30 = 270	15 · 15 = 225	9 · 800 = 7200
2 · 90 = 180	12 · 12 = 144	8 · 900 = 7200
18 · 2 = 36	13 · 13 = 169	17 · 17 = 289
17 · 7 = 119	50 · 2 = 100	60 · 80 = 4800
6 · 15 = 90	55 · 1 = 55	40 · 90 = 3600
5 · 11 = 55	18 · 0 = 0	50 · 5 = 250
40 · 0 = 0	14 · 9 = 126	30 · 40 = 1200
13 · 5 = 65	3 · 80 = 240	50 · 30 = 1500
14 · 9 = 126	15 · 7 = 105	8 · 200 = 1600
15 · 3 = 45	70 · 6 = 420	60 · 90 = 5400
6 · 18 = 108	6 · 15 = 90	70 · 80 = 5600
7 · 14 = 98	14 · 7 = 98	19 · 19 = 361
8 · 16 = 128	9 · 30 = 270	20 · 17 = 340
9 · 15 = 135	7 · 20 = 140	30 · 60 = 1800
10 · 70 = 700	80 · 6 = 480	4 · 99 = 396
50 · 90 = 4500	6 · 12 = 72	5 · 50 = 250
2 · 14 = 28	14 · 14 = 196	6 · 99 = 594
11 · 2 = 22	5 · 13 = 65	7 · 14 = 98
3 · 19 = 57	3 · 15 = 45	8 · 18 = 144
5 · 17 = 85	12 · 8 = 96	9 · 17 = 153
4 · 15 = 60	14 · 9 = 126	1 · 19 = 19
6 · 14 = 84	7 · 7 = 49	18 · 8 = 144
7 · 13 = 91	13 · 6 = 78	7 · 19 = 133
5 · 12 = 60	7 · 15 = 105	16 · 7 = 112
22 · 0 = 0	4 · 14 = 56	14 · 8 = 112

Übung 2:

128 : 4 = 32	64 : 8 = 8	54 : 9 = 6
520 : 4 = 130	360 : 9 = 40	24 : 8 = 3
350 : 5 = 70	121 : 11 = 11	169 : 13 = 13
70 · 8 = 560	225 : 15 = 15	12 · 16 = 192
90 · 3 = 270	15 · 5 = 75	960 : 8 = 120
20 · 9 = 180	56 : 4 = 14	90 · 9 = 810
88 : 2 = 44	33 · 3 = 99	777 : 7 = 111
777 : 7 = 111	720 : 8 = 90	160 : 8 = 20
60 · 5 = 300	55 · 10 = 550	640 : 8 = 80
55 · 10 = 550	810 · 0 = 0	55 · 5 = 275
600 · 0 = 0	45 : 9 = 5	320 : 4 = 80
30 · 50 = 1500	32 : 8 = 4	196 : 14 = 14
450 : 9 = 50	15 · 7 = 105	18 · 12 = 216
273 : 3 = 91	17 · 17 = 289	16 · 16 = 256
640 : 8 = 80	605 : 5 = 121	7 · 8 = 56
70 · 40 = 2800	70 · 4 = 280	99 : 9 = 11
480 : 6 = 80	909 : 3 = 303	12 · 7 = 84

© M. Mandl, M. Reichel München – Jede Vervielfältigung ohne schriftliche Zustimmung ist unzulässig.

Lösungen Seite: 136

905 : 5 = 181	729 : 9 = 81	36 : 6 = 6
210 : 7 = 30	486 : 6 = 81	14 · 9 = 126
55 · 9 = 495	16 : 2 = 8	255 : 5 = 51
22 · 4 = 88	45 · 4 = 180	16 · 9 = 144
111 · 2 = 222	15 · 30 = 450	7 · 14 = 98
360 : 9 = 40	130 : 5 = 26	8 · 18 = 144
50 · 70 = 3500	240 : 8 = 30	490 : 7 = 70
405 : 5 = 81	14 · 9 = 126	270 : 9 = 30
644 : 4 = 161	7 · 17 = 119	80 · 80 = 6400
17 · 3 = 51	366 : 6 = 61	30 · 90 = 2700
255 · 2 = 510	7 · 15 = 105	56 : 7 = 8
81 : 9 = 9	217 : 7 = 31	5 · 90 = 450

Übung 3:

129 : 3 = 43	24 : 3 = 8	54 : 6 = 9
528 : 4 = 132	17 · 9 = 153	24 : 3 = 8
357 : 7 = 51	15 · 6 = 90	225 : 15 = 15
72 : 8 = 9	84 : 6 = 14	12 · 6 = 72
90 : 3 = 30	5 · 17 = 85	56 : 8 = 7
27 : 9 = 3	640 : 4 = 160	8 · 9 = 72
8 · 12 = 96	11 · 3 = 33	49 : 7 = 7
98 : 7 = 14	56 : 8 = 7	32 : 8 = 4
6 · 15 = 90	17 · 7 = 119	4 · 8 = 32
5 · 19 = 95	88 : 11 = 8	625 : 25 = 25
16 · 17 = 272	639 : 9 = 71	36 : 4 = 9
30 : 5 = 6	328 : 4 = 82	219 : 3 = 73
54 : 9 = 6	5 · 18 = 90	17 · 20 = 340
27 : 3 = 9	17 · 9 = 153	612 : 6 = 102
64 : 8 = 8	80 : 5 = 16	8 · 88 = 704
7 · 80 = 560	27 : 3 = 9	49 : 7 = 7
42 : 6 = 7	90 : 6 = 15	42 : 7 = 6
555 : 5 = 111	728 : 8 = 91	96 : 6 = 16
420 : 7 = 60	480 : 8 = 60	7 · 19 = 133
7 · 90 = 630	368 : 4 = 92	20 : 5 = 4
284 : 4 = 71	4 · 14 = 56	16 · 7 = 112
11 · 20 = 220	25 · 3 = 75	9 · 14 = 126
360 : 90 = 4	45 : 1 = 45	8 · 18 = 144
50 · 70 = 3500	32 : 4 = 8	49 : 7 = 7
40 : 8 = 5	401 · 0 = 0	27 : 3 = 9
64 : 8 = 8	40 · 40 = 1600	19 · 8 = 152
11 · 30 = 330	36 : 6 = 6	15 · 9 = 135
25 · 25 = 625	70 · 8 = 560	56 : 8 = 7
918 : 9 = 102	217 : 7 = 31	6 · 9 = 54

© M. Mandl, M. Reichel München – Jede Vervielfältigung ohne schriftliche Zustimmung ist unzulässig.

Lösungen Seite: 137

10.26 Lösung zu Schnelltest 1 – Einmaleins

1 1	•	9	=	99
4 5	•	1 0	=	450
1 6 0	:	1 0	=	16
1 0 0	:	2 5	=	4
3 6	•	1 1	=	396
5 4	:	6	=	9
7 7	:	7	=	11
4 5	:	5	=	9
3 6	:	6	=	6
3 2	:	4	=	8
4 2	:	7	=	6
4 5	:	9	=	5
3 9	:	1 3	=	3
3 2	:	8	=	4
4 2	:	6	=	7

3 3 0	:	3	=	110
1 3 3	:	7	=	19
4 8	:	4	=	12
7 8	:	6	=	13
2 4	:	2	=	12
1 0 0	:	5	=	20
1 0 0	:	4	=	25
4 0	•	9	=	360
7 0	•	5	=	350
9 0	•	6	=	540
9 0	•	8	=	720
4 0	•	9	=	360
5 0	•	7	=	350
9	•	6	=	54
9	•	8	=	72

10.27 Lösung zu Schnelltest 2 – Einmaleins

8	•	6	=	48
4	•	8	=	32
5	•	9	=	45
8	•	7	=	56
7	•	7	=	49
8	•	5	=	40
1 0	•	6	=	60
4	•	3 0	=	120
3	•	9 0	=	270
9	•	7	=	63
8 1	:	9	=	9
4 5	:	5	=	9
3 6	:	6	=	6
1 6	:	4	=	4
4 2	:	7	=	6

2 5	:	5	=	5
4 9	:	7	=	7
6 4	:	8	=	8
8 1	:	9	=	9
9 0	:	3	=	30
6 3 0	:	7	=	90
1 2 0	:	4	=	40
3 6	:	6	=	6
3 4	:	2	=	17
3 5 0	:	5	=	70
3 2	:	4	=	8
4	•	9	=	36
7	•	7	=	49
6 0	•	6	=	360
1 1	•	8	=	88

© M. Mandl, M. Reichel München – Jede Vervielfältigung ohne schriftliche Zustimmung ist unzulässig.

Lösungen   Seite: 138

10.28 Lösung zu Schnelltest 3 – Einmaleins

7 · 7 =	49		12 · 12 =	144
15 · 8 =	120		4 · 80 =	320
6 · 6 =	36		5 · 50 =	250
17 · 2 =	34		6 · 90 =	540
13 · 9 =	117		7 · 70 =	490
15 · 8 =	120		8 · 50 =	400
19 · 6 =	114		9 · 9 =	81
14 · 4 =	56		8 · 8 =	64
4 · 4 =	16		3 · 90 =	270
19 · 9 =	171		7 · 70 =	490
16 · 5 =	80		3 · 13 =	39
12 · 8 =	96		9 · 50 =	450
14 · 5 =	60		6 · 11 =	66
17 · 7 =	119		11 · 4 =	44
18 · 8 =	144		8 · 9 =	72

© M. Mandl, M. Reichel München – Jede Vervielfältigung ohne schriftliche Zustimmung ist unzulässig.

Notenschlüssel Seite: 139

11 Notenschlüssel

Hier findest du verschiedene Notenschlüssel. Suche die Punktzahl, die der Gesamtpunktzahl in deiner Übungsprobe gleicht bzw. am nächsten kommt. Schau dann, in welchen Punktebereich deine erreichte Punktzahl fällt, oben in der Kopf–Spalte findest du deine erzielte Note.

	Note					
	erreichte Punkte					
Punkte gesamt	1	2	3	4	5	6
12	12 – 11	10,5 – 9	8,5– 7	6,5 – 5	4,5 – 3	2 – 0
14	14 – 13	12,5 – 11	10,5– 8,5	8 – 6	5,5 – 3,5	3 – 0
16	16 – 15	14 – 13	12 – 11	10 – 8	7 – 4	3 – 0
20	20 – 19	18 – 17	16 – 14	13 – 10	9 – 6	5 – 0
22	22 – 21	20 – 18	17 – 14	13 – 11	10 – 7	6 – 0
24	24 – 22	21 – 19	18 – 16	15 – 12	11 – 8	7 – 0
26	26 – 24	23 – 21	20 – 17	16 – 13	12 – 8	7 – 0
28	28 – 26	25 – 23	22 – 19	18 – 14	13 – 9	8 – 0
30	30 – 27	26 – 23	22 – 19	18 – 15	14 – 9	8 – 0
32	32 – 29	28 – 25	24 – 21	20 – 16	15 – 10	9 – 0
34	34 – 31	30 – 27	26 – 22	21 – 17	16 – 10	9 – 0
36	36 – 33	32 – 29	28 – 24	23 – 18	17 – 11	10 – 0
38	38 – 35	34 – 30	29 – 25	24 – 19	18 – 12	11 – 0
40	40 – 36	35 – 31	30 – 26	25 – 20	19 – 13	12 – 0
42	42 – 38	37 – 33	32 – 28	27 – 22	21 – 14	13 – 0
46	46 – 42	41 – 36	35 – 30	29 – 23	22 – 15	14 – 0
50	50 – 45	44 – 39	38 – 33	32 – 25	24 – 16	15 – 0
52	52 – 47	46 – 41	40 – 34	33 – 26	25 – 17	16 – 0
56	56 – 51	50 – 44	43 – 36	35 – 28	27 – 18	17 – 0
60	60 – 54	53 – 47	46 – 39	38 – 30	29 – 19	18 – 0
66	66 – 60	59 – 53	52 – 43	42 – 33	32 – 20	19 – 0
70	70 – 63	62 – 55	54 – 46	45 – 35	34 – 21	20 – 0
76	76 – 69	68 – 60	59 – 50	49 – 38	37 – 22	21 – 0
80	80 – 72	71 – 63	62 – 52	51 – 40	39 – 23	22 – 0
86	85 – 77	76 – 67	66 – 55	54 – 43	42 – 24	23 – 0
90	90 – 81	80 – 71	70 – 59	58 – 46	45 – 27	28 – 0
100	100 – 91	90 – 81	80 – 68	67 – 50	49 – 30	29 – 0

© M. Mandl, M. Reichel München – Jede Vervielfältigung ohne schriftliche Zustimmung ist unzulässig.

Quellenverzeichnis	Seite: 140

12 Quellenverzeichnis

LS5, Mathematisches Unterrichtswerk für das Gymnasium – Ausgabe Bayern, Klett Verlag 2007
Schulhefte und Schulproben von verschiedenen Kindern aus Kempten, München und Umgebung.

https://www.isb.bayern.de
www.geogebra.de
www.wikipedia.com

Bilder: Julius Z. 10 Jahre (Autos)
www.Istockphoto.com
Logos & Pferde: Michael Reichel